Étienne Klein
Marc Lachièze-Rey

Die Entwirrung des Universums

Physiker auf der Suche nach der Weltformel

Aus dem Französischen von
Friedrich Griese

Klett-Cotta

Klett-Cotta
Die Originalausgabe erschien unter dem Titel
"La quête de l'unité. L'aventure de la physique"
 im Verlag Albin Michel, Paris
© 1996 by Éditions Albin Michel S.A.
Das französische Original wurde für die deutsche Ausgabe
von den Autoren in Teilen überarbeitet.
Für die deutsche Ausgabe
© J. G. Cotta'sche Buchhandlung Nachfolger GmbH, gegr. 1659,
Stuttgart 1999
Printed in Austria
Schutzumschlag: Groothuis & Malsy, Bremen
Gesetzt aus der 9 Punkt Caecilia von Reprographia, Lahr
Auf säure- und holzfreiem Werkdruckpapier gedruckt
und gebunden von Wiener-Verlag, Himberg

Die Deutsche Bibliothek – CIP-Einheitsaufnahme

Klein, Etienne:
Die Entwirrung des Universums : Physiker auf der Suche nach
der Weltformel / Étienne Klein und Marc Lachièze-Rey. Aus
dem Franz. von Friedrich Griese. – Stuttgart : Klett-Cotta, 1999
    Einheitssacht.: La quête de l'unité <dt.>
    ISBN 3-608-91905-8

Inhalt

Einführung

Die Zahl Eins wird in Kapitel drei definiert.
Nicolas Bourbaki

Der erste Eindruck sagt uns: Die Welt ist riesengroß und mannigfaltig. Angesichts der Fülle und Vielfalt der Formen des Realen erscheint es kaum möglich, sie in einige Prinzipien zu pressen – und erst recht nicht in ein einziges. Ist die Welt bloß etwas Gedachtes? Die Idee einer zugrundeliegenden Einheit erscheint von vornherein aberwitzig, von der Welt selbst widerlegt, kaum daß man sie ausspricht. Ein Stern, eine Wolke, eine Schneeflocke, eine Zelle, ein Atom – was könnte es zwischen ihnen Gemeinsames geben? Wie kann man an eine Einheit glauben, wenn so viele plausible oder vernünftige Argumente dagegen sprechen? Ist es nicht offenkundig, daß die Mannigfaltigkeit der physikalischen Welt irreduzibel ist?

Aber ohne Bezug zur Einheit würden die Welt und das Denken in eine Unzahl von nicht zusammenpassenden Dingen und Ideen zerfallen, und der Begriff des „Uni-versums", des All-einen, wäre undenkbar. In der Geschichte stößt man auf ein ganzes Panorama von Ideen, von Synthesen, Vereinheitlichungen, ja sogar Verschmelzungen. Am bemerkenswertesten sind diejenigen, die sich auf die Materie und ihre Wechselwirkungen beziehen. Wir verdanken sie Wissenschaftlern, die es verstanden, aus der Fülle der Erscheinungen und Begriffe Situationen zu isolieren, die als „Archetypen" gelten können, auf deren Grundlage die Erfahrung sich ordnet, entfaltet und vereinheitlicht. Diejenigen, die wir aus der Geschichte als „große Physiker" kennen, schufen Vereinheitlichungen, die das Gesicht und die Macht der Physik verändert haben, die aus ihr etwas anderes gemacht haben als eine Ansammlung unzusammenhängender Theorien. Galilei versöhnte die sublunare und die supralunare Welt, nachdem sein Fernrohr ihm die Berge und Täler des Mondes offenbart hatte; Newton beschrieb die Bewegungen irdischer und himmlischer Körper mittels einer einzigen Theorie; Maxwell vereinheitlichte Elektrizität und Magnetismus; Fraunhofer bewies, daß die hier auf der Erde entdeckten Naturgesetze auch für die stellaren Objekte gelten; Louis de Broglie schlug zwischen Welle und Teilchen eine synthetische Brücke, auf die sich dann die Quantenphysik stützte; vor allem Albert Einstein schuf die Möglichkeit, Raum und Zeit, bis dahin getrennte Begriffe, im einheitlichen Begriff der Raumzeit zu vermengen, und widmete sich dann entschlossen der Suche nach einer einheitlichen Theorie, die das Universum als ganzes wie auch die Gesetze seiner elementaren Bestandteile enthalten sollte.

Aber unterscheidet sich die Wissenschaft in dieser Hinsicht vom Denken allgemein? Das Verlangen nach Einheit ist unzweifelhaft ein Apriori der Intelligibilität, ein Grundbedürfnis des als Fähigkeit zur Synthese verstandenen Geistes. Heißt erkennen nicht zwangsläufig vereinheitlichen? Dieser Ansicht war jedenfalls Leibniz, für den das Eine (neben dem Sein, der Substanz, dem Selbigen, der Ursache, der Perzeption und dem Urteilsvermögen) zu den unserem Geist innewohnenden Grundbegriffen gehört, ohne welche die Gegebenheiten der Erfahrung für uns unverständlich wären.[1] Dies war auch die Auffassung Immanuel Kants, der den Verstand definiert als „Vermögen der Einheit der Erscheinungen vermittelst der Regeln" und die Vernunft als „das Vermögen der Einheit der Verstandesregeln unter Prinzipien".[2] Läßt sich die dem Erkenntnisakt innewohnende monistische Tendenz klarer ausdrücken? Auf dem Feld der Wissenschaft hat das Streben nach der Einheit jedenfalls seine entschiedensten Resultate hervorgebracht. Es liefert bis heute den Antrieb zu ungeheuren Forschungsanstrengungen. Zwei Arten von Phänomenen, der Elektromagnetismus und die schwachen Wechselwirkungen (die vor allem für die Betastrahlung verantwortlich sind, durch die das Neutron in ein Proton, ein Elektron und ein drittes Teilchen namens Antineutrino zerfällt), Phänomene, die sich in ihrer Phänomenologie doch sehr unterscheiden, konnten in den 70er Jahren des 20. Jahrhunderts in einer neuen, umfassenderen Theorie vereinigt werden. Das dadurch entstandene „Standardmodell" der Teilchenphysik liefert obendrein eine elegante Klassifikation der Materiebausteine, die sich in drei Familien aufgliedern.

Es mangelt also nicht an Hinweisen darauf, daß die Entwicklung der Wissenschaft vom Streben nach Einheit und vom ständigen Bemühen um Synthese vorangetrieben wird. Besonders die Physik scheint ein Anwendungsbereich zu sein, in dem sich diese Bemühungen als ausgesprochen fruchtbar erweisen. Manche meinen sogar, die Vereinheitlichung begründe die Methode der Physik und fasse ihr Ziel zusammen. Pierre Duhem schreibt ausdrücklich, jeder Physiker strebe natürlicherweise nach der Einheit der Wissenschaft.[3] Es sei ein doppeltes Streben nach der Einheit: nach der logischen Einheit der physikalischen Theorie und nach einer Theorie, die eine natürliche Klassifikation der physikalischen Gesetze sei.[4]

Indem sie Prinzipien und Gesetze auf die Vielfalt der Phänomene anwandte, konnte die Physik sogar die Organisation der Dinge erfassen und komplexe Strukturebenen mit Hilfe fundamentalerer Substrukturen aufschließen. So erkannte sie, daß die Materie sich aus Molekülen zusammensetzt, die ihrerseits aus Atomen bestehen, welche aus einem Kern und Elektronen gebildet werden, wobei der Kern Protonen und Neutronen enthält, die wiederum aus Quarks und Gluonen zusammengesetzt sind, und das ist vielleicht noch nicht alles. Das Vorgehen der Physik scheint daher seinem Wesen nach reduktionistisch zu sein, denn viele ihrer Erfolge sind zu deuten als Reduktion einer Theorie A auf eine Theorie B – oder als deren Unterwerfung unter diese; alle bekannten Gesetze von A können durch formalisierbare logische Deduktion aus den bekannten Gesetzen von B hergeleitet werden. Wahrscheinlich hat die Wiederholung dieser Erfolge die Physiker glauben lassen, daß es hinter der Fülle der Welt elementare Objekte und theoretische Hintergründe geben müsse, die den Kern der kontingenten und partikularen Erscheinungen aufzusprengen vermögen.

Doch so offenkundig die Idee der Einheit in der Geschichte der Physik wirksam war, so schwierig ist ihr derzeitiger Status einzuschätzen. Problematisch ist schon die *Idee* der Einheit. Manche halten daran fest, daß das Universum in Wahrheit unentwirrbar sei, daß es die reine Mannigfaltigkeit sei, als welche manche Philosophen die Materie definieren, so daß kein Gesetz und nicht einmal ein Bündel von Gesetzen es zu erfassen vermöge; daß die Einheitsidee nicht anwendbar sei, weil das Denken sich immer im Mannigfaltigen bewege. Aus diesen Einwänden wird dann gefolgert, die Vernunft habe einen übertriebenen Kult der Einheit entwickelt, verbunden mit einer ebenso übertriebenen Verachtung des Mannigfaltigen; sollten die Raumzeit und alles, was sie enthält, nicht das Recht haben, sich gegen das organisierende Wirken der Ideen aufzulehnen?

Hervorragende Denker haben in diesem Sinne den Einheitsmythos kritisiert. So vertrat Antoine Cournot Mitte des 19. Jahrhunderts die These, die grundlegende Geschichtlichkeit der Wissenschaften mache es der Vernunft unmöglich, die Beschaffenheit und Ordnung der Dinge unter einem einzigen Begriffsschema zu fassen. Und diese Unmöglichkeit, das Wissen wirklich zu vereinheitlichen, hat in seinen Augen nicht einen methodologischen, sondern einen ontologischen Grund: Die Dinge sind in ihrem Wesen radikal verschieden und gegeneinander abgeschottet; die Realität setzt sich zusammen aus Ensembles, von denen manche eng miteinander verbunden sind, während andere nur lockere oder gar keine Bindungen untereinander aufweisen. „Einer Intelligenz wie der unseren", schreibt Cournot, „oder einer endlichen Intelligenz überhaupt ist es wohl nicht gegeben, die Phänomene und die Gesetze der gesamten Natur in einem einzigen System zusammenzufassen; und auch wenn wir es könnten, würden wir in diesem Ensemble doch Teile unterscheiden, die sich voneinander abheben und Gegenstand von jeweils eigenen Theorien sind, obwohl man sie auf einen gemeinsamen Ursprung zurückführen kann."[5] Somit gibt es auch keine Ordnung der Dinge, kein universales Feld der möglichen

Erfahrung, dem ein einziges Kategoriensystem Sinn und Intelligibilität verleihen könnte.

Andere – und es waren nicht minder glänzende Köpfe – sind der genau entgegengesetzten Versuchung erlegen. Jede Disziplin, jede intellektuelle Aktivität setzt sich naturgemäß der Versuchung aus, dem zu erliegen, was Blaise Pascal in den *Pensées* als Wunsch nach universaler Herrschaft, auch außerhalb ihrer Ordnung bezeichnet hat. In diesem Sinne diente ein extremer Reduktionismus den Verfechtern eines disziplinären Imperialismus, der sämtliche Disziplinen einer von ihnen unterzuordnen sucht, die als ursprünglicher erachtet wird – zum Beispiel die Biologie der Biochemie, also im Grunde der Chemie – ja eigentlich der Physik. Man könnte auch daran denken, daß die Neurowissenschaft gegenwärtig zu Lasten der Psychologie versucht, das gesamte mentale Geschehen zu erklären, oder daß Physiker behaupten, man könne ausgehend von der fundamentalen Physik die gesamte Biologie umschreiben, ohne einen wirklich neuen Begriff einführen zu müssen. In der Praxis ist solchen Bestrebungen zwar nur selten Erfolg beschieden, doch die Haltung, aus der sie erwachsen – nämlich alle Wissensbereiche hierarchisch zu ordnen –, genießt durchaus eine gewisse Anerkennung.

Offenbar muß man, wenn Denken einen Sinn haben soll, einerseits wetten, daß das Universum entwirrt werden kann, und andererseits unserem Intellekt die Fähigkeit zuerkennen, sich dem hinterhältigen, allgegenwärtigen Einfluß des Mannigfaltigen zu entziehen. Der Vielfalt der Erscheinungen könnte die Einheit der Begriffe entsprechen. In diesem Sinn muß man sicherlich den folgenden Satz Pascals in den *Pensées* verstehen: „Durch den Raum erfaßt und verschlingt das Universum mich wie einen Punkt: Durch das Denken erfasse ich es."[6]

Es ist ein sehr alter Gedanke, daß schon die Idee der Erkenntnis auf die Idee der Einheit verweist. Xenophanes machte sich bereits vor über zweitausend Jahren über die Vielzahl der Götter lustig; Heraklit verkündete, daß „das

Weise eins ist"; Platon behauptete bereits im *Timaios* die Einheit des Universums, der Welt: „Nach unserer Ansicht stellt es sich heraus, daß sie der Wahrscheinlichkeit zufolge von Natur nur *ein* Gott ist."[7] Aus dieser Behauptung leitet er ein Programm ab: Es gilt, die Geometrie des Universums zu ermitteln, indem die Formen der Welt insgesamt und ihrer Elemente unter ein und dieselben Begriffe und Figuren gefaßt werden (diese Geometrie findet sich insbesondere in Euklids Werk niedergelegt); man muß sich vorstellen, daß die in der Sinneswelt sich abspielenden Veränderungen zurückgehen auf strukturelle Änderungen in der Anordnung der Figuren, die die Elemente kennzeichnen: „Angeben müssen wir aber, wie wohl die vier schönsten Körper entstanden, unähnlich zwar unter sich, von denen aber manche durch Auflösung aus einander zu entstehen vermögen";[8] man muß ein universales Kausalitätsprinzip formulieren: „Alles Entstehende muß ferner notwendig aus einer Ursache entstehen; denn jedem ist es unmöglich, ohne Ursache das Entstehen zu erlangen";[9] eine Typologie der Ursachen schaffen und „zwei Arten von Ursachen unterscheiden, das Notwendige und das Göttliche",[10] mit anderen Worten, die mechanische oder „umgetriebene" Ursache und die Ursache, die einem vernünftigen Projekt entspricht; man muß eine Hypothese über die Entstehung der Welt aufstellen, in der diese beiden Arten von Ursachen wirksam sind: „Denn das Werden dieser Weltordnung wurde als ein gemischtes aus einer Vereinigung der Notwendigkeit und der Vernunft erzeugt. Indem aber die Vernunft der Notwendigkeit dadurch gebot, daß sie dieselbe vermochte, das meiste des im Entstehen Begriffenen dem Besten entgegenzuführen";[11] man muß begreifen, daß die Unordnung in Gestalt umgetriebener Ursachen von der Substanz der Welt nicht zu trennen ist.

Dieses Programm hat im Laufe der Jahrhunderte natürlich die meisten seiner ursprünglichen Bestandteile verloren, aber es ist bis heute eine Inspirationsquelle und eine regulative Idee geblieben. Die logischen Positivisten, die zu Beginn des 20. Jahrhunderts verkündeten, metaphysische Fragen seien

ihnen gleichgültig, machten 1929 zu einem Punkt ihrer Pro-
grammschrift die Schaffung einer „Einheitswissenschaft",[12]
die die „Geisteswissenschaften" dem vermeintlichen „Physikalismus" der Naturwissenschaften einverleiben sollte, ohne
daß man deshalb von Symptomen eines unheilbaren Szientismus (außerhalb der Wissenschaft kein Heil) oder umgekehrt von Anzeichen einer Konzession an das metaphysische
Ideal einer Gesamtschau sprechen könnte. Wie immer es sich
damit verhalten mag – das Dilemma von Identität und Vielfalt macht den Wissenschaften noch heute zu schaffen, aus
leicht verständlichen Gründen. Einerseits verweisen die wissenschaftlichen Theorien notwendigerweise auf die Phänomene und ihre sehr große Vielfalt. Andererseits erfüllt sich
ihre interpretatorische Funktion jedoch nur dank der Prinzipien von Einheit und Dauer: In der Masse der Einzeltatsachen
erkennt der Wissenschaftler die Wirksamkeit eines Gesetzes;
durch die enorme Mannigfaltigkeit der Phänomene hindurch
erblickt er gewissermaßen einen Faden, an dem er zieht, bis
er reißt.

„Vereinheitlichen" heißt, eine Reduktion auf das Identische
vorzunehmen, und dieser eigentliche Akt der Theoriebildung
findet sich in allen strengen Wissenschaften: Die wissenschaftliche Methode will hinter ganz unterschiedlichen und
auf den ersten Blick oft sehr unähnlichen Gegebenheiten ein
und denselben Prozeß ans Licht bringen.

Deshalb ist die „große Vereinheitlichung", von der die Physiker erwarten, daß sie die vier bisher bekannten großen
Kräfte zusammenfassen wird, das eingestandene und me-
dienwirksam vorangetriebene Ziel der modernen Physik.
Bisher ist dieses Ziel nur eine ferne Perspektive. Vor zwei-
hundert Jahren war Immanuel Kant von der Wahrheit von
Newtons Mechanik überzeugt, und noch vor hundert Jahren
wurde Maxwells Theorie mit Hilfe mechanischer Modelle
erklärt.[13] Wir dagegen besitzen keinen festen Bestand von
Begriffen und Gesetzen, die unser Wissen vom Universum als
ganzem und von seinen Kräften und letzten Bausteinen in
einer einzigen Theorie zusammenfassen würde. Dennoch

beschloß der britische Kosmologe Stephen W. Hawking sein Buch *Eine kurze Geschichte der Zeit* 1988 mit den folgenden mystischen und scheinbar prophetischen Worten: „Auch wenn nur eine einheitliche Theorie möglich ist, so wäre sie doch nur ein System von Regeln und Gleichungen. [...] Wenn wir jedoch eine vollständige Theorie entdecken, dürfte sie nach einer gewissen Zeit in ihren Grundzügen für jedermann verständlich sein, nicht nur für eine Handvoll Spezialisten. Dann werden wir uns alle – Philosophen, Naturwissenschaftler und Laien – mit der Frage auseinandersetzen können, warum es uns und das Universum gibt. Wenn wir die Antwort auf diese Frage fänden, wäre das der endgültige Triumph der menschlichen Vernunft – denn dann würden wir Gottes Plan kennen.“[14] Womit haben wir es hier zu tun: mit dem größenwahnsinnigen Delirium eines wirklichkeitsfremden Gelehrten – oder mit der vernünftigen Vorhersage der nächsten wissenschaftlichen Errungenschaften? Fehlen uns wirklich nur noch ein paar Gleichungen zur vollständigen Erklärung des Universums? Uns erscheint eine solche Schwärmerei verdächtig, aber wir sollten dennoch genau auf die Worte und den von ihnen vermittelten Sinn achten. Wiederholen sie nicht bloß – auf klassische und dabei beschwörende Weise – eine unauslöschliche metaphysische Forderung? Oder vermitteln sie im Gegenteil etwas grundlegend Neues? Sollten sich die Aussichten in diesem Bereich in letzter Zeit gebessert haben? Wir möchten etwas zur Beantwortung dieser Fragen beisteuern und vor allem ihren Sinn diskutieren.

Die heutige Situation ist gekennzeichnet von einem hartnäckigen Paradoxon. Einerseits hat es den Anschein, als werde die Wissenschaft von Relativismus zerrieben; immer zahlreicher trauen sich Philosophen, die Wissenschaft zu fragen, was sie denn Wahres beizusteuern habe, und sie werfen ihr vor, es mangle ihr an einer richtigen Methodologie; das wissenschaftliche Vorgehen werde zumindest phasenweise so sehr von ästhetischen Urteilen, Geschmacksurteilen, metaphysischen Vorurteilen und subjektiven Wünschen geprägt, daß von einem Bezug zu einer wie auch immer gearteten

Rationalität nicht mehr die Rede sein könne. Manche zweifeln am universalen Charakter der Rationalität, welche die Wissenschaft seit ihren griechischen Ursprüngen beseelt, und behaupten sogar, die westliche Wissenschaft besitze nicht mehr Legitimität als archaische Mythen.[15] Am Gegenpol erlebt man gleichzeitig eine Wiederbelebung von Versuchen einer Gesamtschau von Wissensbereichen, und paradoxerweise gibt es deren viele. Eine bestimmte Richtung der Biologie behauptet, alles zu umfassen, was mit dem Leben zu tun hat; eine Richtung der physikalischen Mathematik zielt ausdrücklich aufs Ganze des Universums, einschließlich seiner Entstehung und seiner fernen Zukunft, und sie beide lassen kleinste Teilchen oder irgendwelche Urgene sich eifrig in der Medienszene tummeln.

Auch die Wissenschaft befindet sich heute in einem gespaltenen Zustand. Offiziell forscht sie emsig nach dem Einen, doch zerfällt sie zugleich in eine Fülle von extrem spezialisierten Forschungen. Einerseits hat es den Anschein, als marschiere man einem Zustand, in dem „Vernunft" groß geschrieben wird, entgegen, andererseits der Vielzahl der Disziplinen und Teildisziplinen. Während der Geist nach dem Einen strebt, bringen seine Erkundungsmethoden ihn dazu, die gesamte Erfahrung aufzuteilen in getrennte Schürfrechte, die unter sich fast keinen Austausch haben. Wie ist der von der Wissenschaft geltend gemachte Wunsch nach Einheit zu vereinbaren mit einer Entwicklung der Wissenschaft, die unwiderstehlich zum Gegenteil von Einheit zu führen scheint?

In diesem mehrdeutigen Umfeld lauern auf den Denker zwei gegensätzliche Gefahren. Wenn er bestrebt ist, die ganze Welt zu umfassen, wirft man ihm Systemdenken und die Absicht vor, die Welt reduzieren zu wollen. Beschränkt er sich hingegen auf Spezialforschungen, wirft man ihm vor, seiner Verantwortung als Denker nicht zu genügen. Der Widerspruch zwischen Beschränktheit und hochfahrender Absicht ist unaufhebbar. Die Astrophysik und besonders die Kosmologie ist oft Gegenstand dieser Mehrdeutigkeit: Handelt es sich um eine Träumerei, nett, aber kaum verifizierbar und ohne nennenswerte Folgen, über ein Universum, das auf jeden Fall unzugänglich ist? Oder um die unerbittliche Enthüllung eines grandiosen Szenarios, das bald vollständig sein wird und Bestätigung erhalten wird durch die feineren Messungen, die der Physik möglich sind?

Es gibt nicht nur eine einzige Einheit. Die Verheißung der Einheit wird unterschiedlich formuliert, je nachdem, ob es um Mathematik,[16] Philosophie, Physik, Biologie, Astronomie oder Ökonomie geht. Wir befassen uns im folgenden nur mit der Physik, denn hier wird die Suche nach der Einheit am lautesten und stolzesten verkündet, im Bereich des „unendlich Großen ebenso wie in dem des unendlich Kleinen".

Ein schwieriges Programm, weshalb wir uns auch nicht lange bei der schon der Buchtitelseite und dem Buchumschlag zu entnehmenden Merkwürdigkeit aufhalten wollen, daß wir uns zu zweit daran gemacht haben, ein Buch über das Eine zu schreiben.

Anmerkungen

[1] Siehe dazu G. W. Leibniz, *Neue Abhandlungen über den menschlichen Verstand.*

[2] I. Kant, *Kritik der reinen Vernunft,* B 359.

[3] Vgl. P. Duhem, *La Théorie physique,* S. 75 f.

[4] Vgl. ebd., S. 152 f.

[5] A. A. Cournot, *Essai sur les fondements de nos connaissances et sur les caractères de la critique philosophique.*

[6] B. Pascal, *Pensées,* S. 81 (113 bei Lafuma in den *Œuvres complètes,* Paris 1963, 348 bei Brunschvicg).

[7] Platon, *Timaios,* 55d.

[8] Ebd., 53e.

[9] Ebd., 28a.

[10] Ebd., 68e.

[11] Ebd., 48a. Platon schreibt zuvor über das Sehen, die Entstehung der Bilder in Spiegeln und die mechanischen Ursachen generell und schließt dann daran an: „Das insgesamt nun gehört zu den Miturursachen, deren sich Gott als Hilfsmittel bedient, die Idee des Besten zur möglichsten Vollendung zu bringen. Von den meisten wird aber

das Erwärmende und das Erkältende, das Verdichtende und das Auflösende und alles dem Ähnliches Bewirkende nicht als Mitursache, sondern als die Ursache von allem angesehen" (ebd., 46c-d). Aus diesen Einzelfällen leitet er die Unterscheidung zwischen Notwendigkeit und Vernunft ab, das (vgl. Zitat 48 a) Werden der Weltordnung als ein gemischtes aus ihrer Vereinigung, und schreibt: „[...] durch Notwendigkeit, unterworfen von besonnener Überredung, so trat am Anfang dieses Weltganze zusammen." (Ebd.) Diese nicht von der Finalität geregelte Ursache wird als „umgetriebene" Ursache bezeichnet.

[12] Vgl. O. Neurath, *Wissenschaftliche Weltauffassung, Sozialismus und Logischer Empirismus*; darin insbes. „Wissenschaftliche Weltauffassung – Der Wiener Kreis" (1929) von Neurath mit Rudolf Carnap und Hans Hahn, S. 81 – 101.

[13] Darüber ärgerte sich Pierre Duhem, der erkannt hatte, daß Maxwells Theorie etwas Neuartiges war, und er mißbilligte die konkrete Modellierung, für die er Maxwell selbst verantwortlich machte; siehe *La Théorie physique*, S. 113 ff.

[14] S. Hawking, *Eine kurze Geschichte der Zeit*, S. 217 f.

[15] Siehe z.B. P. Feyerabend, *Irrwege der Vernunft*.

[16] Manche Mathematiker, darunter auch Georg Cantor, haben sich zum Ziel gesetzt, die Mathematik zu vereinheitlichen, „die höhere Einheit [zu erreichen], die es erlaubt, das Stetige und das Unstetige von einem Standpunkt aus zu betrachten und sie mit einem Maßstab zu messen" (zitiert von Jean-Luc Verley, Cantor (Georg), Encyclopedia universalis, Corpus, Jg. 1988, Bd. 4, S. 166). Dabei kann man zu überraschenden Resultaten gelangen, überraschend auch für den, der sie entdeckt. Nachdem es ihm zu seiner Verblüffung gelungen war, ein eindimensionales auf ein mehrdimensionales Kontinuum abzubilden, anders gesagt, eine Bijektion zwischen den Punkten einer Strecke und den Punkten einer Fläche oder eines Körpers herzustellen, schrieb er seinem Freund Julius Dedekind, er sehe es, aber er glaube es nicht („je le vois, mais je ne le crois pas"; Brief vom 20.6.1877, zit. nach A. Fraenkel, „Das Leben Georg Cantors", S. 458).

1 Die wechselnden Formen der Einheit bei den Griechen

> [...] weitaus das Wichtigste ist das Metaphorische. Denn dieses allein kann man nicht bei anderen lernen, sondern ist das Zeichen von Begabung. Denn gut zu übertragen bedeutet das Verwandte erkennen zu können.
>
> *Aristoteles, Poetik (Kap. 22)*

Viele griechische Denker neigten zum Monismus, also dazu, die Phänomene mit einem einzigen Prinzip zu erklären. Da unsere Sinne uns eine Welt von unendlicher Vielfalt der Dinge und Erscheinungen vermitteln, sind wir gezwungen, eine gewisse Ordnung, eine zugrundeliegende Einheit einzuführen, um sie zu verstehen. Die Elemente der Natur dürfen nicht als isolierte, von allem übrigen getrennte Teile aufgefaßt werden, sondern sind einzubeziehen in ein umfassendes erklärendes Ganzes, das ihnen einen Sinn und eine Funktion gibt. Von daher stammt die Überzeugung, im tiefsten Kern der Realität gebe es ein Grundprinzip oder eine Grundsubstanz, von dem oder von der die Mannigfaltigkeit der Dinge abzuleiten sei. Verschiedene Lehrmeinungen stellen das eine oder andere Urelement in den Vordergrund – und das betreffende Element muß nicht von träger oder materieller Beschaffenheit sein. Wir gehen auf einige Lehren der griechischen Denker ein, weil sie der Physik ihre ursprüngliche Stärke gaben. Freilich war der Monismus kein Vorrecht der Griechen. Die Ende des 19. Jahrhunderts namentlich von Wilhelm Ostwald (1853–1932) verfochtene Energetik – um nur ein Beispiel zu nennen – war eine monistische Metaphysik, deren Grundlage die Ablehnung des Atombegriffs war. Diese Lehre behauptete den absoluten Primat der Energie als bestimmendes Agens der physikalischen Welt, das die Erfassung, Klassifikation und Vereinheitlichung aller Phänomene erlaubte, welche die Wahrnehmungswelt ausmachen: Die Materie, so Ostwald, sei eine Erfindung, allerdings eine recht unvollkommene, ausgedacht als Bild des Dauerhaften in all dem Wechsel. Die wirkliche Realität – diejenige, die auf uns einwirke – sei die Energie. Die Natur insgesamt erscheine uns in Form räumlich und zeitlich variabler, in Raum und Zeit verteilter Energien, von denen wir nur insofern Kenntnis erhielten, als sie auf unseren Körper und speziell auf die für ihren Empfang gerüsteten Sinnesorgane übertragen werden.[1] Die entscheidende Aussage dieser Botschaft ist nach Ostwald in den Hauptsätzen der Thermodynamik enthalten, speziell im zweiten, dem zufolge die Entropie eines abgeschlossenen Systems nur zunehmen kann.[2]

Die Griechen betrachteten die Natur aus der Distanz und mit Bewunderung – ihnen ging es nicht um die Schaffung einer Wissenschaft im Sinne unserer heutigen Physik. Der Gedanke, die Natur zu beherrschen, um sie zu verändern, war ihnen fremd, und die Natur erschien ihnen als eine Lebewesen erzeugende und ihnen zugleich feindliche Lebenskraft, die sich unablässig regte und veränderte und in unzähligen Formen explodierte, die sich gegen Logik und Identität auflehnen. Was diese Denker vor allem beobachten und begreifen wollten, war das Phänomen des Wachstums, das sich überall zeigte und daher universell war: selbstverständlich bei den Pflanzen und Tieren, aber auch bei den Mineralien, die damals als unterirdische Früchte galten, die in den Eingeweiden der Erde gereift waren und sich durch fortlaufende stille Eruptionen an ihrer Oberfläche ausbreiteten. Daher rührt das griechische Wort *physis*,[3] das von dem Verb *phyein* kommt, welches „wachsen" bedeutet. Die Griechen suchten einfach nach dem Urstoff dieses natürlichen Wachstums, dem fruchtbaren Samen, der das nährende Prinzip des Lebens und des ganzen Kosmos war. Wie ist die uns umgebende Welt entstanden, und wie erhält sie sich?

Urstoff Wasser

Thales von Milet (um 624–548 v.Chr.) findet diesen Urstoff im Wasser: „Das Wasser ist die materielle Ursache aller Dinge", verkündet er. Läßt es nicht die Pflanzen wachsen, stillt es nicht den Durst des Menschen, birgt es nicht die Fische, von denen er sich ernährt? Ist es nicht auch das Wasser, das, vom Himmel fallend oder sich in der Erde, in der Tiefe der Brunnen verbergend, die Felder befeuchtet und alles wachsen läßt? Gewiß, von allen sichtbaren Stoffen nimmt das Wasser die vielfältigsten Formen an: Eis, Schnee, Dampf, Wolke, Flüssigkeit, nicht gerechnet die Felsen, die, so glaubten die Griechen, aus gefrorenem Wasser bestanden. In Flußdeltas scheint es sich in Erde zu verwandeln. Anderwärts scheint es aus der Erde hervorzusprudeln. Das Wasser fließt, kreist, durchtränkt, verwandelt sich, dringt ein, befruchtet die Böden, trägt die Schiffe. Ist es nicht das flüssige Band, welches das Ganze eint und verhindert, daß es eine bloße Anhäufung von Dingen ist, die nichts miteinander zu tun haben? Sind nicht die Luft und das Feuer bloße Ausdünstungen des Wassers? Wir wissen heute ganz genau, daß das Wasser eine unerläßliche Bedingung des Lebens ist. Das weiß übrigens auch die Werbung, denn ständig verbindet sie Vitalität mit Wasser (wenn möglich: mit Mineralwasser).

Thales glaubte, die Erde schwimme auf den Wassern, nachdem sie sich an der Oberfläche verdichtet habe, so wie sich Schlamm in Flußmündungen verdichtet. Mit ein wenig Phantasie kann man in dieser Konzeption eine ferne Vorläuferin der Theorie der Kontinentalverschiebung sehen, die Anfang unseres Jahrhunderts von Wegener aufgestellt wurde, dem aufgefallen war, daß die Küsten Afrikas und Brasiliens zusammenpassen, und der dadurch zu der Vermutung gelangte, die Kontinente seien allmählich auf einer flüssigen Substanz auseinandergedriftet. Große Ideen gehen sicherlich nie ganz unter, und eine davon ist das Wasser. Nietzsche rühmte in der *Philosophie im tragischen Zeitalter der Griechen* die Tragweite und Kraft der „ungeheuren Verallgemeinerung"[4] des ionischen Philosophen: „So schaute Thales die Einheit des Seienden: und wie er sich mitteilen wollte, redete er vom Wasser!"[5]

Denn zum ersten Mal wurde für alles eine einzige Erklärung vorgeschlagen. Dieses sparsame Vorgehen brach mit der Gewohnheit, ad hoc auf eine Fülle von willkürlichen Ursachen und Erklärungen zu verfallen. Das bedeutet freilich nicht, daß alle früheren Erklärungssysteme inkohärent waren; die Mythen hatten ihre eigene Logik, griffen auf eine stets plausible Weise ineinander. Ernst Cassirer zeigt in seiner *Philosophie der symbolischen Formen* ganz klar, daß das mythische Universum immer charakterisiert ist durch eine Verknüpfung, die gewiß nicht auf die Gesetze des empirischen Denkens zurückzuführen ist, die aber Gesetzen gehorcht und eine originelle, eigenständige Strukturform aufweist, also eine „Theorie", wenn man diese Begriffserweiterung gelten läßt.[6] So schildert Hesiod in seiner *Theogonie* die kohärente Zeugung einer zunächst ungeordneten Welt, die dann durch die unumschränkte Herrschaft des Zeus nach und nach vereinheitlicht wird: „Wahrlich, zuerst entstand das Chaos und später die Erde, / Breitgebrüstet, ein Sitz von ewiger Dauer für alle / Götter, die des Olymps beschneite Gipfel bewohnen / Und des Tartaros Dunkel im Abgrund der wegsamen Erde [...]."[7] Das alles fügt sich gut zusammen, sogar auf elegante Weise. Freilich wurde in den Mythen mit der Anführung allzu vieler Ursachen und Gottheiten mehr eine Erzählung als eine Erklärung geliefert, mehr eine Beschreibung als ein System. Die Verknüpfung allzu zahlreicher Ursachen, und sei sie noch so geordnet, hat immer etwas Zufälliges oder Willkürliches.[8]

Thales spricht zum ersten Mal drei Gedanken aus, die sich als grundlegend erweisen werden. Zunächst stellt er die Frage nach der materiellen Ursache aller Dinge; sodann fordert er, daß diese Frage ohne Rückgriff auf Mythen, Fabeln oder eindeutig anthropomorphe Götter gelöst werde;[9] schließlich fordert er, daß es endlich möglich sein müsse, alles auf eine Ursubstanz zurückzuführen, die fundamentaler ist als alle anderen. Thales und seine Schüler begründeten schließlich das Bestreben, die verstreuten Erkenntnisse in ein rationales und kohärentes Wissen umzuwandeln, frei von der Vormundschaft der Magie. Mythos und Fabel verblassen allmählich und weichen der rationalen Überlegung des Philosophen, der sich weder mit den vielfältigen Hervorbringungen Gaias noch mit den autoritären Auftritten des Zeus begnügen kann. Thales hat mit seinem Urstoff Wasser gewissermaßen dem Systemdenken den Weg gebahnt.

Luft, Erde, Feuer

Im 6. vorchristlichen Jahrhundert begründete Anaximenes eine von Thales abweichende Kosmogonie, mit dem Kerngedanken, der Urstoff des Universums sei die Luft. Verbringen wir nicht, ehe wir unseren letzten „Schnaufer" tun, unsere Zeit damit, die lebenspendende Luft, die uns umgibt, einzuatmen, Rhythmen gehorchend, die den Austausch zwischen der Außenwelt und uns organisieren? Die ganze Welt, so Anaximenes, ist umhüllt von einer Luft, die ihre [der Welt] Formen beseelt und ihre verschiedenen Teile koordiniert; unsere Seele ist ein Hauch, der uns erhält; die Erde, dünn und zerbrechlich, wird wie ein Herbstblatt von den Strömungen der unsichtbaren Atmosphäre getragen; der Wind, diese zirkulierende Luft, bläht die Segel der Schiffe; sich verdichtend, läßt er die Wolken entstehen, die, sich wiederum verdichtend, den Regen bringen, aber auch den Stein; immer dünner werdend, wird Luft schließlich zu Feuer. Und der Schnee? Er ist ein Lufthauch, gefangen im Feuchten. Die Monismen haben, um den Preis einiger mehr oder minder geschickter Verrenkungen, eine Antwort auf alles (vielleicht ist das sogar ihre Definition).

Anaximenes gebührt das Verdienst, als erster gezeigt zu haben, daß man aus einem einmal ausgewählten Urelement alle anderen bekannten Formen ableiten kann. Selbst wenn man sich alle möglichen Metaphern einfallen läßt, ist es gar nicht so einfach, sämtliche Erscheinungen zu reduzieren auf Fragen der Belüftung und der Luftströmungen. Immerhin hat es nach Anaximenes zweitausendvierhundert Jahre gedauert, bis gezeigt wurde, daß die Luft – genau wie das Wasser – in Wahrheit ein zusammengesetzter, gemischter Körper ist, womit sie jeden Anspruch auf den Titel eines Urelements verliert.

Ungefähr in jener Zeit sah Heraklit aus Ephesus (um 550 – 480 v. Chr.) im Feuer das Element, mit dem die Erscheinungen des Universums erklärt werden können: Das Feuer verwandelt sich in alles, und alles verwandelt sich wieder in Feuer.[10] Das Feuer erleuchtet die Welt und regiert sie; indem es sich verdichtet, wird es zu Wasser; sich noch mehr verdichtend, wird es zu Erde. Diese Vorgänge können auch in umgekehrter Richtung wieder das Feuer hervorbringen. Das Feuer, Prinzip der Wärme und des Lebens, ist die Flamme, die jede Leidenschaft nährt. Für Heraklit regiert der Blitz das Weltall,[11] der seinerseits nichts als ein ewig lebendes Feuer ist, das nie völlig erlöschen wird. Einem letzten verheerenden Weltenbrand geweiht, wird es sich verzehren, nicht um für immer zu verschwinden, sondern um in dieser gigantischen Feuersbrunst das Prinzip wiederzufinden, durch das es aus der Asche wiederaufstehen wird.

Ein zyklisches Flammenmeer, vollzieht sich die Entwicklung der Welt in einer zirkulären Zeit, wobei das Feuer das einzige Band zwischen den verschiedenen Zyklen bildet. Manche sehen hier die Anfänge der Lehre von der ewigen Wiederkehr, die die Stoiker verführen wird und die Nietzsche als den einzigen Gedanken bezeichnen wird, der über den Nihilismus zu obsiegen vermag.[12] Andere entdecken eine analoge Konzeption in bestimmten Versionen des Urknall-Modells, in denen das Universum eine Folge von Ausdehnungs- und Schrumpfungszyklen durchläuft, wobei zwischen zwei Zyklen ein Zustand von extremer Dichte und Temperatur liegt.

Eine zentrale Stellung nimmt in der Philosophie Heraklits der Begriff des Werdens ein, bis hin zur radikalen Ablehnung des Begriffs des Seins. Das Feuer ist der Archetyp des sich Entwickelnden, das in keine feste Form gebannt werden kann. Das Faszinierende an ihm ist, daß keine seiner Flammen sich fassen läßt. „Ich kenne nichts Lebhafteres und Beweglicheres als das Feuer", heißt es in einer Fabel von La Fontaine.

Die Frage nach der Einheit führt stets zur Frage nach der Vollständigkeit. Wie läßt sich die ganze Vielfalt der Erscheinungen auf Flammen zurückführen? Um diese Schwierigkeit zu überwinden, auf die jede monistische Philosophie stößt, hat Heraklit einen Kunstgriff ersonnen: der Natur soll ein ‚Kampf der Gegensätze' zugrunde liegen.[13] Das vernünftige Feuer, welches das Entgegengesetzte verbindet, bildet die eigentliche Einheit der Welt, die zugleich eins und vieles ist. Bedingung des Werdens der Dinge, ist es zugleich Prinzip und Gesetz. „Meerwasser ist das reinste und scheußlichste: für Fische trinkbar und lebenerhaltend, für Menschen untrinkbar und tödlich":[14] Die Natur, erklärt Heraklit, vermag die Gegensätze zur Harmonie zu vereinen, ganz wie die der Lyra entströmende Musik den Kampf der Spannungen zwischen den Saiten und dem Holz zur Voraussetzung hat. So gehen die Gegensätze zusammen, und daraus entsteht ihre Vereinigung.[15] Heraklit betont immer wieder, daß alle Dinge dem Streit entspringen und nur Anpassungen, Kontraste, gefährdete Gleichgewichte gegensätzlicher Kräfte sind, die einen unaufhörlichen Wandel erzwingen: „Man soll aber wissen, daß der Krieg das Gemeinsame ist [allgemein ist] und das Recht der Streit, und daß alles durch Streit und Notwendigkeit zum Leben kommt."[16]

In der modernen Physik kann man manches entdecken, das scheinbar der Lehre Heraklits entspricht, so als müsse jegliche Begriffsbildung zwangsläufig von binären Gegensätzen bestimmt sein, so als könne man nicht anders als in Dichotomien denken. Das quantentheoretische Komplementaritätsprinzip zum Beispiel (auf das wir noch zurückkommen) ist ziemlich direkt davon inspiriert mit der Behauptung, Welle und Teilchen entsprächen logisch nicht miteinander zu vereinbarenden, aber unzertrennlichen Darstellungen der Quantenteilchen. Wer sich nicht scheut, die Metapher zu überdehnen, findet andere Bilder von Wechselwirkungen zwischen gegensätzlichen Polen in der Welt des unendlich Kleinen: Photonen können entstehen aus der Vernichtung eines Elektrons und seines Antiteilchens,[17] des Positrons; in der universalen Symmetrie zwischen Materie und Antimaterie kann man mit ein wenig Wagemut einen wenn auch sehr entfernten Reflex der Einheit der Gegensätze sehen. Generell ist jeder Diskurs, der die Vorzüge des Paradoxons preist, nicht weit vom Denken Heraklits entfernt.

Die Begriffe des Lebendigen sind indes sehr viel beredter als die Begriffe der Physik. Arthur Schopenhauer führt in einem seiner Bücher das Beispiel eines seltsamen Tierchens an, der australischen Bulldogg-Ameise: „[...] nämlich wenn man sie durchschneidet, beginnt ein Kampf zwischen dem Kopf- und dem Schwanztheil: jener greift diesen mit seinem Gebiß an, und dieser wehrt sich tapfer, durch Stechen auf jenen: der Kampf pflegt eine halbe Stunde zu dauern, bis sie sterben, oder von anderen Ameisen weggeschleppt werden."[18] Diese australische Bulldogg-Ameise, streitbar bis in ihren eigenen Körper hinein, illustriert (wenn sie überhaupt existiert) leibhaftig, wie grausam die Dialektik des Einen und des Vielen sein kann, sobald man das Gelände der reinen Philosophie verläßt.

Werner Heisenberg (1901–1976), einer der Gründerväter der Quantenphysik, bemerkte in *Physik und Philosophie*, daß die moderne Physik in gewisser Hinsicht den Lehren Heraklits sehr nahe bleibe: „Wenn man das Wort ‚Feuer' durch das Wort ‚Energie' ersetzt, so kann man Heraklits Aussagen fast Wort für Wort als Ausdruck unserer modernen Auffassung ansehen. Die Energie ist tatsächlich der Stoff, aus dem alle Elementarteilchen, alle Atome und daher überhaupt alle Dinge gemacht sind, und gleichzeitig ist Energie auch das Bewegende. [...] Die Energie kann sich in Bewegung, in Wärme, in Licht und in Spannung verwandeln. Die Energie kann als die Ursache für alle Veränderungen in der Welt angesehen werden."[19]

Platon fand keinen Gefallen an dem Spiel, das Heraklit scheinbar beliebig mit den Gegensätzen trieb. Dieser Hang sei oberflächlichen Denkern und Neulingen in der Logik eigen. Die Verknüpfung von Gegensätzen sage uns nichts, sie bilde ein Netz mit so großen Maschen, daß alles hindurchgeht. Deshalb machte Platon sich lustig über jene, die da sagten: Das Eine ist Vieles, und das Viele ist Eins; das Sein ist Nichtsein und umgekehrt. So schrieb er zum Beispiel: „Aber von dem Selben, ganz unbestimmt wie, behaupten, es sei auch verschieden, und das Verschiedene dasselbe und das Große klein und das Ähnliche unähnlich, und sich freuen, wenn man nur immer Widersprechendes vorbringt in seinen Reden, das ist teils keine wahre Untersuchung [...]. [...] Aber auch [...] alles von allem absondern zu wollen, schickt sich schon sonst nirgend hin und gehört denn auch auf alle Weise nur zu einem von den Musen Verlassenen und ganz Unphilosophischen. [...] Weil es die völligste Vernichtung alles Redens ist, jedes von allem übrigen zu trennen."[20] Das hinderte Platon allerdings nicht, die Dialektik als einen wesentlichen Aspekt des philosophischen Tuns zu betrachten.

So hielten die griechischen Denker der Reihe nach das Wasser, die Luft und das Feuer für den Hauptakteur in der Organisation und Evolution der Welt. Empedokles aus Agrigent (490–435 v. Chr.) steuerte einen Anschein von Versöhnung bei, bevor er sich, wie es heißt, in den Krater des Ätna stürzte, um seinen Ruf, ein Gott zu sein, zu bekräftigen.[21] Er verkündete nämlich, die gesamte irdische Welt erkläre sich aus der Existenz von vier Elementen gleicher Bedeutsamkeit: des Wassers, der Luft, des Feuers und der Erde (von Xenophanes als Urelement vorgeschlagen) – und von zwei Prinzipien, die sie einen beziehungsweise entzweien, der Liebe und dem Haß. Diese relative Vielfalt an Urfaktoren bot durch die Kombinationen, die sie ermöglichte, größeren Handlungsspielraum.

Die Vorherrschaft dieser vier Elemente prägte die Kosmologie des Mittelalters und der Renaissance. So war es zum Beispiel dank der Affinitäten zwischen den Naturelementen und den Körpersäften möglich, den Menschen wie eine Welt und die Welt gleichzeitig wie einen menschlichen Organismus zu betrachten. Andererseits kann man diese Vierheit aus Elementen, die mit Qualitäten ausgestattet sind, welche sie wechselwirken lassen, als eine sehr schematische Vorwegnahme unserer heutigen Auffassung vom Aufbau der Materie betrachten. Die von der Neuzeit als fundamental anerkannten Bausteine haben freilich keinerlei Ähnlichkeit mit Wasser oder Luft, Erde oder Feuer. Es sind von nun an sechs Quarks und sechs Leptonen, zusammengefaßt zu drei identisch strukturierten Familien. Und nicht mehr Liebe und Haß lassen sie wechselwirken, sondern vier als fundamental geltende Wechselwirkungen.

Der Begriff Urstoff

Der Athener Anaxagoras (610–547 v. Chr.) hatte eine intelligente Wesenheit (den Geist, *Nous*) als Prinzip und organisierende Kraft des Universums vorgeschlagen. Als eine feine Substanz gedacht, macht er alle Dinge einer mechanistischen Erklärung zugänglich. Anaxagoras unterscheidet zweierlei Wesenheiten: einerseits die Elemente insgesamt, die Mischungen sind, andererseits den Geist (den *Nous*), den Architekten der Welt. Nur der letztere ist für sich, rein und unvermischt; er hat sich in das Chaos der Elemente begeben und es geordnet. Durch diese Lehre vom organisierenden *Nous* übte Anaxagoras entscheidenden Einfluß aus, besonders auf Sokrates.[22]

In derselben Zeit hatte Anaximander (610–546 v. Chr.), ein Schüler des Thales, bestritten, daß das Wasser oder sonst eine bekannte Substanz der Urstoff sei. Wie konnte man denn annehmen, das Feuer könne aus dem Wasser hervorgehen, wo doch die tägliche Erfahrung zeigte, daß diese beiden Elemente sich nicht vertragen? Wenn keines der Elemente privilegiert werden soll, ist es nicht möglich, einem von ihnen vor den anderen die Rolle des Substrats zuzuschreiben. Um diese Schwierigkeiten zu umgehen, lehrte Anaximander, daß die Ursubstanz von anderer Beschaffenheit sei. Um das Weltganze zu umfassen, kann sie nur unendlich, ewig, alterslos sein. Nur etwas, das sehr viel reicher und umfassender ist als alles andere, kann Gleichgewicht und Harmonie des Universums garantieren. Diese Ursubstanz ist eine Abstraktion, deren Wesen jenseits aller beobachtbaren

Substanz ist und deren Existenz die Möglichkeit aller anderen in sich trägt. Anaximander wählt für sie die Bezeichnung *Apeiron*, was „das Unbegrenzte" bedeutet. Ihr werden die löblichsten Epitheta zugeschrieben, die nur dem Göttlichen zukommen: ungeboren, unsterblich, allumfassend... – Das Eine hat stets eine gewisse Verbindung zum Göttlichen.

Daß die Welt sich um ein abstraktes Prinzip strukturieren könnte, ist eine Idee, deren die Wissenschaft sich entsinnen wird, um den allergrößten Vorteil daraus zu ziehen. Man kann darin zum Beispiel eine Vorwegnahme der äußerst fruchtbaren Rolle sehen, die das Unbegrenzte bzw. Unendliche in der Entwicklung der Mathematik spielen wird. Man kann auch schon darüber hinaus an den Begriff Universum denken, der, als alles umfassende Totalität im 17. Jahrhundert eingeführt, die Physik begründen wird, indem er die Grundlagen der Möglichkeit ihrer Vereinheitlichung schafft.

Anaximander erklärt, wie das Apeiron die ganze konkrete Zukunft der Dinge in sich enthalten kann: Es ist die Grundursache von allem, was entsteht, wird und vergeht, der höchste Ursprung aller Individuen, die aus ihm ins Exil gegangen sind, aber am Ende in ihn zurückkehren werden, wenn sie sich endgültig auflösen. Es verwandelt sich in die uns vertrauten Substanzen. In dem einzigen überlieferten Fragment seines Werkes *Über die Natur* schreibt Anaximander: „Anfang [und Ursprung] der Dinge ist das Unendliche [das grenzenlos Unbestimmbare, das *Apeiron*]. Woraus aber ihnen die Geburt ist [das Werden ist], dahin geht auch ihr Sterben [ihr Vergehen] nach der Notwendigkeit. Denn sie zahlen einander [gerechte] Strafe und Buße für ihre Ruchlosikeit [Ungerechtigkeit] nach der Zeit[an-]Ordnung."[23] Anaximander versteht die Existenz also als einen Verlust, als das Verlassen einer Urquelle. Indem sie entstehen, indem sie sich also aus der Ureinheit lösen, um ihr je besonderes Sein zu erreichen, begehen die Dinge eine gottlose Tat, für die sie sehr zu Recht die höchste Strafe zu erleiden haben.

Für Anaximander hören die Kämpfe zwischen dem Warmen und dem Kalten, zwischen dem Feuer und dem Wasser, zwischen dem Feuchten und dem Trockenen, die für einen gewissen regelmäßigen Wechsel sorgen, niemals auf. Eine Form zerfällt und geht in eine andere über, ohne aber bei ihr stehenzubleiben. Jeder Sieg der einen über die andere ist nur ein vorübergehender. Alle Teile verändern sich, nur das Ganze ist dem Wandel entzogen (sehr viel später wird die Physik etwas Ähnliches sagen, wenn sie feststellt, daß die Gesamtenergie erhalten bleibt, aber viele Formen annehmen kann). Anaximander stellt das Sein dem Werden entgegen. Die Ursubstanz, unendlich und alterslos, bildet ein undifferenziertes Sein, das in verschiedene Formen zerfällt, die einander unablässig bekämpfen. Das Viele entsteht durch einen Absturz in die Individualität, und der Prozeß des Werdens muß als eine Erniedrigung des Seins betrachtet werden.

Die Verneinung des Vielen und der Unbeständigkeit

Dieses Problem der Beziehungen zwischen dem Einen und dem Vielen führt unweigerlich zu Parmenides (um 540–460 v. Chr.), der schlicht und einfach erklärt: Sein ist, Nichtsein ist nicht.[24] Das Viele und das Werden werden von Parmenides für nicht-seiend gehalten und insofern verneint. Da beide nicht existieren, kann jegliche Spekulation über sie nur im Widerspruch, also im Irrtum enden: „Denn das Nichtseiende kannst du weder erkennen (es ist ja unausführbar) noch aussprechen. Denn (das Seiende) denken und sein ist dasselbe [dasselbe ist Denken und Sein]."[25] Es existiert nur das Eine, notwendig, ewig und ungeboren, und es gibt weder Werden noch Vergehen. Mit ähnlichen Argumenten verneint Parmenides auch die Existenz der Leere, die dem Nichtsein gleichgesetzt wird. Auch die Veränderung und damit die Bewegung verwirft er als reine Illusion, womit er sich den Zorn des Aristoteles zuzieht. Für Parmenides widerspricht jede Veränderung der naturwüchsigen Tendenz der Vernunft zu Identität und Dauer.

Die Physik, selbst die allermodernste, hat sich von dieser Lehre inspirieren lassen. Führt die Ewigkeit ihrer angeblich unwandelbaren, invarianten Gesetze nicht zur Ausrottung der Zeit? Auch in der Anwendung auf Prozesse, die eindeutig eine Geschichte, eine Evolution aufweisen, versucht die Physik Substanzen und Formen, Gesetze und Regeln ausfindig zu machen, die unabhängig von der Zeit sind. Das Ziel der Physik ist, das Veränderliche auf das Dauerhafte zurückzuführen, indem sie Gesetze aufstellt, die, frei von der Zeit, Erscheinungen regieren, die ihrerseits flüchtig sind. Eine andere Wahl hat sie freilich kaum. Wie ließe sich aus fluktuierenden Begriffen eine Theorie bilden? Welchen Status hätten die physikalischen Gesetze, wenn die in ihnen auftretenden Begriffe nichts Festes wären? Welche Einheit bliebe übrig, wenn die Begriffe sich unaufhörlich ändern würden? Die Wissenschaft beruht stillschweigend auf der Hypothese, daß die Beziehung zwischen den Gliedern, die das Gesetz miteinander verbindet, konstant ist, doch was können wir letztlich wissen über die Variation der Gesetze in der Zeit? Wichtig ist diese Frage für die moderne Kosmologie, die von einem expandierenden Universum ausgeht. Vernünftigerweise nimmt man mit Henri Poincaré an, daß wir methodisch gehalten sind, uns für eine Nichtänderung der Gesetze mit der Zeit auszusprechen, daß wir sie aber erweitern, ja sogar ändern dürfen, sollten die Tatsachen gegen diese Entscheidung sprechen.[26] Praktisch läuft das Problem auf eine knappe Formel hinaus, der zufolge es nicht die Gesetze selbst sind, die sich mit der Zeit verändert haben, sondern die von ihnen ins Spiel gebrachten „Universal"konstanten.[27]

Der Atomismus

Der Atomismus hat sich parallel zu den monistischen Lehren entwickelt. Er wurde erfunden an den Küsten des Mittelmeeres, um Antwort zu geben auf Fragen nach Anfang und Ende des Kosmos, nach Einheit und Vielfalt der materiellen

Wesenheiten, nach Dauer und Wandel. Von Gaston Bachelard später als „doctrine des chosettes", als „Lehre von den Sächelchen", oder auch als „Metaphysik des Staubes" bezeichnet,[28] wurde der Atomismus erstmals von Leukipp (5. Jh. v. Chr.) entwickelt, einem Zeitgenossen des Parmenides-Schülers Zenon aus Elea, und dann von Demokrit aus Abdera (um 460–365 v. Chr.), der ein Zeitgenosse des Sokrates war. Um die Welt zu erklären, greift er zurück auf Wesen ohne sinnliche Qualitäten, die Atome, die nur der Verstand zu erfassen vermag, und auf die Leere. Diese winzigen Einheiten der Materie sind gewissermaßen die letzte Zuflucht des Seins, die seinen Urelementen gewährt wird. Sie sind unteilbar (a-tomos), ewig, voll, fest und unbegrenzt an Zahl. Die Qualitäten, die wir heute „sekundär" nennen würden (Farbe, Geruch, Geschmack), haben in diesem Schema nur subjektive Existenz: Wirklich sind allein die geometrischen Eigenschaften der Atome (Größe, Gestalt, Ort). In rascher Bewegung befindlich, bilden diese durch ihre Zusammenstöße Aggregate, die sich unterscheiden nach der Gestalt, der Zahl und der Anordnung der sie bildenden Atome, gleich den aus Buchstaben bestehenden Worten. Demokrit zufolge, der sich (wie Nietzsche sagt) in der Welt wie in einem hellen Zimmer habe fühlen wollen, hat sich die Welt – der Himmel, die Erde, die Wasser, die Tiere und selbst die Seele – ausschließlich aus diesen Aggregaten ohne Endursache gebildet. In einem Aufwasch schickt Demokrit die Götter nach Hause, bedarf es doch zur Erklärung des Universums nicht ihres Eingreifens. Da die Ängste, die sie einflößen, grundlos sind, werden all unsere abergläubischen Vorstellungen gegenstandslos.

Über den Erfolg dieser Lehre beziehungsweise ihrer modernen Varianten braucht man wohl kein Wort zu verlieren. Doch Gegenstand der Physik wurde das Atom im eigentlichen Sinne erst Anfang des 20. Jahrhunderts.[29] Ein später Auftritt (fünfundzwanzig Jahrhunderte Wartezeit) mit großem Getöse löste er doch nichts Geringeres aus als die Quantenrevolution. Sie enthüllte, daß das Atom ein in Wahrheit sehr komplexes Objekt ist, das fast aller ursprünglichen Qualitäten ermangelte, die Demokrit und seine Schüler ihm zugeschrieben hatten. Zwischen dem Altertum, in dem es nur eine abstrakte Idee war, und der Gegenwart, in der es Gegenstand der Wissenschaft geworden ist,[30] hat das Atom mehr als zwei Jahrtausende lang unglaubliche intellektuelle Gefechte ausgelöst. Die dauerhafte Anziehung, die es auf die besten Geister ausgeübt hat, scheint Bergson recht zu geben, für den die „geometrisch belastete" menschliche Intelligenz der Frage nach der Teilbarkeit der Materie nicht entgehen kann.

Tatsächlich haben alle Denker – Theologen, Philosophen, Gelehrte – sich so an der Debatte beteiligt, als sei der Atomismus durchweg wenn nicht ein Fixpunkt, so doch ein Pflichtpensum für das Denken gewesen: Epikur erfand für den Atomismus eine Art Abweichung, die die Bewegung der Atome auf ihrer Bahn beeinflussen sollte, in Lukrez' *De rerum natura* das „clinamen", definiert als durch nichts determinierte kleine Abweichung an ungewissen Orten zu ungewissen Zeiten, Aristoteles sprach dem Atomismus die Daseinsberechtigung ab mit der Begründung, die Leere existiere nicht; Descartes tat desgleichen; Gassendi erweckte die Idee einer elementaren Entität wieder zum Leben; Giordano Bruno entwickelte eine spiritualistische Konzeption dieser Idee; Leibniz bemerkte – nachdem er an die Atome und die Leere geglaubt hatte, weil es für ihn das war, was die Vorstellungskraft am besten befriedigte –, daß es unmöglich sei, in der Materie allein oder in dem, was nur passiv ist, die Prinzipien einer wahren Einheit zu finden, denn dort sei alles nur Ansammlung von Teilen bis ins Unendliche; Hegel urteilte ablehnend über die Korpuskulartheorien; Schopenhauer verurteilte den Reduktionismus, den sie verlangten. Und gar nicht zu reden von Kant, Nietzsche, Maxwell, Marx, Comte...[31]

Wie wir im folgenden noch sehen werden, stand die wissenschaftliche Theorie des Atoms am Ursprung der großen Vereinheitlichungen der Physik des 20. Jahrhunderts.

Die Pluralität des Einen

Die griechische Philosophie hat also die Zahl der sichtbaren oder unsichtbaren metaphysischen Wesenheiten vermehrt. Sie haben, bei allen Eigenarten, zumindest eines gemein: Jede dieser Wesenheiten, um ihrer synthetischen oder ontologischen Potenz willen konstruiert und aufrechterhalten, war allein imstande, die Vielfalt der empirischen Welt zu erklären. Das Atom zum Beispiel ist zugleich die Substanz, die den Erscheinungen zugrunde liegt, die Ursache, deren Wirkungen wir ringsum beobachten, und die dauerhafte Realität hinter dem wechselhaften Schein. Hier haben wir durchaus ein Prinzip, das eine Synthese der physikalischen Welt und noch mehr zu leisten vermag. Die Physik wird bis in ihre aktuellsten Entwicklungen hinein aus diesem Vorrat an Bildern und Begriffen schöpfen.

Die vorsokratischen Philosophen insgesamt hatten die Pluralität des Einheitsbegriffs erkannt, wenn sie das Eine entweder als numerisches Prinzip oder als erzeugendes und ordnendes Prinzip der Welt faßten. Die von ihnen erdachten Systeme boten eine reiche Auswahl: Pluralismus und Beweglichkeit (Heraklit), Pluralismus und Teilbarkeit (Demokrit), Einheit ohne Vielfalt (Parmenides und die Eleaten), ja sogar Vielfalt ohne Einheit (Kratylos, ein Schüler Heraklits, dachte sich den Strom der Wesenheiten derart, daß der Diskurs sie unmöglich erfassen kann). Doch über den Großtaten der griechischen Philosophen, die den Ehrgeiz hatten, eine integrale Beschreibung der Welt zu liefern, sollten nicht die Einwände vergessen werden, die solche Ansprüche sogleich auslösten. Sokrates zum Beispiel machte sich offen über diejenigen lustig, die sich in Wort und Schrift mit der Beschaffenheit des Universums beschäftigten und sehr gelehrt versicherten, daß zum Beispiel das Ähnliche Ähnliches anziehe oder daß sich, umgekehrt, Gegensätze anzögen, oder über diejenigen, die sich mit der Frage beschäftigten, „ob die Erde flach ist oder rund", ob sie der Mittelpunkt des Universums sei oder nicht; so „legt der eine einen Wirbel um die Erde und läßt sie dadurch unter dem Himmel stehen bleiben, der andere stellt ihr, wie einem breiten Troge einen Fußschemel, die Luft unter". Bei seiner Betrachtung der Naturwissenschaften (der Physik im weitesten Sinne) war Sokrates zu dem Schluß gekommen, daß die Gelehrten nur vorgaben, etwas zu wissen, während sie, „wie im Dunkeln tappend", weit davon entfernt waren, die Ursache zu benennen.[32] Sokrates war also nach den Sophisten der erste, der die Ansprüche des menschlichen Geistes herabsetzte und die Philosophen, die sich zu haltlosen Spekulationen verstiegen hatten, wieder auf den Boden zurückholte. Blaise Pascal, genau wie Sokrates überzeugt, daß menschliches Wissen weder die ersten Prinzipien noch gar die Einheit, in die man sie zwängen möchte, zu erkennen vermag, teilte dessen weise Zurückhaltung: „Seltsam ist, daß sie [die Menschen] die Anfänge der Dinge verstehen und davon ausgehend so weit gelangen wollten, alles zu erkennen, wobei sie eine Anmaßung zeigen, die ebenso unendlich wie ihr Gegenstand ist."[33] Diese Bemerkung sollte man nicht versäumen denen vorzuhalten, die sich noch heute anmaßen, mit ein oder zwei schlichten Ideen erklären zu wollen, woraus die Welt gemacht ist, woher sie kommt, wohin sie geht, wie sie funktioniert und warum sie so ist, wie sie ist.

Die Einheit durch die Zahl

> Aus dem Vielen geht die Idee hervor.
> *Henri Michaux, Affrontements*

In den Betrachtungen, welche die Pythagoreer im 5. vorchristlichen Jahrhundert über die Zahlen anstellen, geht es ebenfalls um die Frage der Einheit. Aus dem Begriff des Einen leiteten sie die Vorstellung von einer umfassenden Aufeinanderfolge aller Dinge ab. Wenn, so sagten sie, die Dinge den Zahlen verwandt sind, dann nimmt alles seinen Ausgang von der Eins, und wer immer vom Vielen spricht, unterstellt damit schon die Einheit. Da jede Zahl eine multiplizierte Einheit ist, kann mit der Multiplikation im Prinzip die Gesamtheit der Zahlen und der Dinge abgedeckt werden. Das Vielfache lebt verborgen, eingerollt in der Eins. Wenn aber die Zahlen der Grund von allem sind, dann kann man ihnen auch gleich einen moralischen Wert zuschreiben. Gerechtigkeit wird in diesem Sinne repräsentiert von der Zahl 4 oder der Zahl 9, die Quadrate sind und daher vollkommenes Gleichgewicht.

Für die Pythagoreer enthüllt die Genese der Zahlen die Gesetze des Universums und des Denkens, aber auch die der Musik und der Struktur der Konstellationen. „Und in der Tat hat ja alles, was man erkennen kann, eine Zahl. Denn ohne sie läßt sich nichts erfassen oder erkennen", erklärte zum Beispiel Philolaos im 5. Jahrhundert v. Chr.[34] Die Zahl, mit erheblicher symbolischer Kraft bedacht, wird im doppelten Sinne zur Trägerin der Einheit: zum einen, weil sie als ein nützlicher Begriff auftritt, mittels dessen man durch Übertragung und Multiplikation alles andere denken kann. Sodann, weil ihre Natur selbst ihre Verwandtschaft mit der fundamentalen Einheit, also mit der Eins der Arithmetik, nahelegt.

Diese Überlegungen der Pythagoreer sind nie gänzlich in Vergessenheit geraten. Die Idee, daß die Zahlen wirklich existieren und die Natur ihre Eigenschaften nur schattenhaft widerspiegelt, hat auf Dauer Anerkennung gefunden. Die pythagoreische Zahlenmystik weckte eine fruchtbare Begeisterung für die Arithmetik, bestärkte die Vorstellung, daß zwischen Wahrheit und Harmonie ein Zusammenhang bestehe, und gab den Anstoß dazu, ein geometrisches Bild der Welt zu entwerfen, in dem arithmetische Prinzipien herrschen. Sie entwickelte sich in unterschiedlichen Formen weiter – man begegnet ihr bei Galilei und Newton, bei Maxwell, Einstein und Dirac. Für Einstein und Dirac ist die mathematische Schönheit einer physikalischen Theorie nicht bloß schmückendes Beiwerk. Sie ist auch ein Hinweis, möglicherweise sogar der beste Hinweis auf ihre Gültigkeit. U. a. in einem Brief an Maurice Solovine aus dem Jahr 1952 deutet

Einstein den Unterschied an, den er zwischen konstruktiven Theorien und Prinzip-Theorien macht. Die ersteren bemühen sich, die wahren Gesetze durch konstruktive Bemühungen zu entwickeln; ihre Geltung beziehen sie allein aus empirischen Bestätigungen. Die letzteren zielen auf die Entdeckung eines allgemeinen formalen Prinzips; ihre Geltung beziehen sie auch aus der Erfahrung, vor allem aber aus ihrer inneren Vollkommenheit.[35] Aufgrund ihrer intrinsischen Eigenschaften besitzen sie, als Dreingabe sozusagen, empirische Gültigkeit.[36] Schon Anfang der 30er Jahre hatte Einstein in einem Vortrag angedeutet, welchen Wert man der Schönheit der Formeln beizumessen hat: Bei der Auswahl der zu benutzenden mathematischen Begriffe könne uns die Erfahrung sicherlich leiten, doch sie könnten nicht aus der Erfahrung abgeleitet werden. „Erfahrung bleibt natürlich das einzige Kriterium der Brauchbarkeit einer mathematischen Konstruktion für die Physik. Das eigentlich schöpferische Prinzip liegt aber in der Mathematik. In einem gewissen Sinn halte ich es daher für wahr, daß dem reinen Denken das Erfassen des Wirklichen möglich sei, wie es die Alten geträumt haben."[37]

Die seit der Antike geltende, auf die Zahl gegründete Konzeption der Welt war, wie Bernard Ribémont ausführt,[38] im Mittelalter sehr lebendig: „Der Zahl wird eine symbolische Dimension zuerkannt, sie wird mit ursprünglichen Eigenschaften ausgestattet, die in die Erschaffung des Universums und der Materie eingreifen." Daher soll „der Mensch versuchen, durch die Praxis und die Erforschung der Zahlen und ihrer Kombinationen die Eigenschaften der Welt und der Natur wiederzufinden". Die christliche Theologie konnte sich diese Konzeptionen mühelos zu eigen machen, schrieb doch Augustinus, der Schöpfer habe nach Zahl und Maß gewirkt.[39] Im 12. Jahrhundert entstand sogar eine „christliche arithmologische Wissenschaft", die sich, ausdrücklich auf die realistische Deutung der Zahlen gestützt, der Lektüre der heiligen Texte widmete. Diese Arithmologie unterschied sich von der Arithmetik dadurch, daß sie, statt Formeln aufzustellen, möglichst viele Informationen aus den Zahlen herauszuholen

suchte, um sie für symbolische Entsprechungen zu nutzen; „je
mehr Inhalt man aus der Zahl selbst herausholt, desto mehr
wird man von den Dingen verstehen, die die Zahl bedeutet,
die aber außerhalb des Bereichs der Mathematik liegen". So
entsprach die Zahl drei, prim und daher unzerlegbar, einer
Vollkommenheit, die notwendig auf die Gottheit verwies, zum
Beispiel auf die göttliche Dreifaltigkeit, die ihrerseits mit dem
Himmel assoziiert wurde; die Zahl zwei, weniger vollkommen, weil in zwei teilbar, symbolisierte den Dualismus von
Seele und Leib, wobei dieser die mit der Erde assoziierte
Unvollkommenheit verkörperte. Wie dieses einfache Beispiel
zeigt, hat diese Praxis mit Mathematik nur insofern etwas zu
tun, als sie ihr einige Elemente der (unendlichen) Folge der
ganzen Zahlen entlehnt. Sie arbeitet mit Analogien und Entsprechungen, vermengt Symbolik, Arithmetik, Astronomie,
heilige Texte und Naturgesetze und hat nichts von strenger
Wissenschaftlichkeit. Mehr schmückend als nützlich, wurde
sie entthront, als sich, namentlich durch die Vermittlung des
arabischen Mathematikers Al Chwarismi, unter Rückgriff auf
die Tradition der griechischen Mathematiker (Aristoteles,
Euklid, Archimedes) im 12. Jahrhundert die richtige Wissenschaft der Algebra durchzusetzen begann. In die Operationen,
die den Umgang mit Zahlen immer mehr zu einer wirklich
mathematischen Angelegenheit machten, fanden weder die
Zahlensymbolik noch die philosophische oder religiöse Aus-
nutzung der angeblichen „Potenz" der Zahlen Eingang. Die
Zahlenmystik vermochte zwar ein wenig Ordnung in die Vorstellungen zu bringen, hat aber kaum mehr geliefert als eine
verschwommene und willkürliche Numerologie.

Die Harmonie der Welt
oder die Poesie der Ordnung

Wenn die mystischen Ansätze auch nicht direkt wissenschaftlich wirksam wurden, so hat die Suche nach einer Harmonie doch immer wieder die Forschung befruchtet. Die Har-

monie ist „die Poesie der Ordnung", wie Balzac in einem Brief an die Herzogin de Langeais erläuterte. Ohne den ständigen Antrieb metaphysischer oder ästhetischer Reize hätte die Wissenschaft kaum Fortschritte gemacht. Ob es sich dabei um das bewußte Streben nach Harmonie handelt, wie es Kepler forderte, oder um eine Art Wachtraum, wie ihn Einstein wiederholt erlebte – im Prozeß der Entdeckung spielen solche Motive eine nicht ganz klare, aber unbestreitbare Rolle. Die Wissenschaft hat den Quell ihrer Erfindung außerhalb ihrer selbst, und so ist es dogmatisch und unfruchtbar, wenn gefordert wird, die Wissenschaft von allen metaphysischen Beiträgen zu reinigen. Kepler (1571–1630) verkörpert zweifellos am besten den Übergang von der mystischen Erkundung der Harmonie der Welt zur wissenschaftlichen Haltung. Er forderte, nach einer in der Welt verborgenen Harmonie zu suchen, die ein Widerschein der Vollkommenheit Gottes sei. Diese Harmonie sollte sich in verschiedenen, mehr oder weniger metaphorischen Formen manifestieren; diese änderten sich mit der Entwicklung seines Denkens. Zunächst sollte die Harmonie in geometrischer Form sichtbar werden, in Gestalt der Sphären und Kreisbahnen, an denen er festhielt. Allerdings machte Kepler sehr originell von der Geometrie Gebrauch: Um die räumliche Verteilung der Planetenbahnen zu erklären, fügte er platonische Körper[40] zwischen ihnen ein. Diese Körper waren damals die besten Verkörperungen des Symmetriebegriffs, der wiederum dem Harmoniegedanken sehr nahe kam.

Kepler war sich darüber im klaren, daß diese geometrische Analogie nicht stimmen konnte, denn er hatte schon entdeckt, daß die Planetenbahnen elliptisch waren. Aber er ließ sich nicht entmutigen und versuchte, die Harmonie durch die Musik auszudrücken statt durch Proportionen zwischen Zahlen oder durch Entsprechungen zwischen geometrischen Figuren. Daß die Welt den Tonintervallen der Musik entspreche, war keine neue Idee. Von der universellen, durch die Himmelssphären erzeugten Harmonie hatten die Pythagoreer, hatten Platon und Aristoteles gesprochen. Cicero erklärt in „Scipios Traum" (55 v. Chr.), warum wir die entsprechenden Töne nicht hören: Unsere Ohren sind betäubt vom Lärm des Universums, so wie die Anwohner des Nils nicht mehr das Rauschen der Wasserfälle hören.

Kepler zufolge gibt ein Himmelskörper einen Ton von sich, der um so höher ist, je schneller er sich bewegt. Auf diese Weise gibt ein Planet Töne innerhalb eines Intervalls von sich, das von den Merkmalen seiner elliptischen Bahn bestimmt wird. Dadurch wird es möglich, jedem Planeten musikalische Beziehungen und letztlich genau bestimmte Töne zuzuordnen. Am Himmel regiert Harmonie, und das ist das Ergebnis eines göttlichen Willens. Diese Harmonie ist nicht einfach angesichts des elliptischen Charakters der Planetenbahnen. Kepler läßt sich davon nicht entmutigen, ganz im Gegenteil. Diese „zusammengesetzte" Harmonie ist der einfachen Harmonie überlegen, die bei den zuvor angenommenen bloßen Kreisbahnen gegeben gewesen wäre; dieses vielfältigere Arrangement bietet eine „harmonische Schönheit [und diese] übertrifft die Schönheit der einfachen Geometrie".

In seiner *Weltharmonik* versucht Kepler, durch eine umfassende Synthese von Mathematik, Geometrie, Musik, Astrologie und Astronomie das Geheimnis des Universums zu enthüllen. Alles ist in seinen Augen ein Beitrag zur Feier einer harmonischen Welt. Der Gesang des Universums ist von himmlischem Wohlklang.

Im Grunde bereitet Kepler die späteren mathematischen Konstruktionen Galileis, Descartes' und Newtons vor, die einige dieser Entwürfe einer Harmonie strenger formalisieren und dabei deren Beliebigkeit zum Teil ausschalten. Denn so naiv sind diese Ideen gar nicht. Noch heute wissen wir nicht, auf welches Phänomen die Anordnung der Planetenbahnen zurückzuführen ist (siehe unten die Titius-Bodesche Reihe), und die solidesten Vorschläge, die man heute diskutiert, sprechen von „Resonanzen" zwischen Planetenbahnen. Das ist natürlich nicht musikalisch zu verstehen, bringt aber dennoch auf dem Umweg über die Dynamik zum Ausdruck, daß zwischen den Bahnen besondere Beziehungen bestehen, wie bei den musikalischen Resonanzen. Die moderne Physik bedient sich einer ähnlichen Methodologie wie Kepler, auch wenn sie nicht explizit von Musik spricht.

Kepler hat sorgfältig den Boden für die späteren Geometrisierungen bereitet. Das erste, sehr kühne Gesetz, das seinen Namen trägt, sieht vor, daß die (wegen ihrer vermeintlichen Vollkommenheit zum Dogma erhobenen) Kreisbahnen aufzugeben seien zugunsten der elliptischen Bahnen, welche die Geometer Griechenlands und Alexandriens lange zuvor studiert hatten. Es nimmt die von Galilei und seinen Nachfolgern vollzogene Vereinheitlichung der Planetenbewegungen vorweg. Sein zweites Gesetz, auch „Flächensatz" genannt, bestimmt, daß der Radius eines Planeten bei seinem Umlauf eine Fläche überstreicht, die der Umlaufzeit proportional ist. Es beschreibt die Planetenbewegungen auf eine grundlegend neue Weise und verlangt insbesondere die Einsicht, daß ein Planet um so langsamer läuft, je weiter er von der Sonne entfernt ist, was der Intuition zuwiderläuft. Tatsächlich haben wir es hier schon mit mathematischen Gesetzen zu tun, wie Kepler selbst feststellt: Nachdem er erklärt hat, daß „alle mannigfachen Bewegungen von einer ganz einfachen, magnetischen und materiellen Kraft bewirkt werden", fügt er hinzu: „Ich zeige auch, wie diese physikalischen Ursachen numerisch und geometrisch ausgedrückt werden können."[41] Zitiert wird dieser Satz von Arthur Koestler, der in dieser frösteln machenden Mathematisierung „das Wesen der wissenschaftlichen Revolution" sieht.[42]

Kepler machte von allen verfügbaren Mitteln Gebrauch, um die von ihm intuitiv geschaute, noch unklare Harmonie zum Ausdruck zu bringen. Es ist ungeheuer verdienstvoll, daß er die nach ihm benannten Gesetze so präzise zu formulieren verstand. Es gab damals ja noch nicht die mathematischen Werkzeuge zur Formulierung dessen, was wir heute unter „Symmetrien" verstehen: Werkzeuge, die ihm eine strengere Fassung ermöglicht hätten. Sie wurden, als es sie dann gab, von anderen Physikern benutzt, um Keplers

Idee der Harmonie korrekt zu formulieren. Die Wissenschaft machte sich teilweise die Metaphysik zu eigen, aus der diese Idee erwachsen war; mit dem trockenen Formalismus, der von den gebührend mathematisierten Symmetrievorstellungen reichlich Gebrauch machte, wurde ein Harmonie-Ideal übernommen, das nicht mehr so explizit ausgesprochen wurde.

Ob sie nun offen geltend gemacht wurde wie bei Kepler oder ob sie, wie bei einigen seiner Nachfolger, mehr „verdrängt" wurde – die Neigung zur Harmonie ist lebendig geblieben. Daß sie zur Vereinheitlichung beigetragen hat, ist schwerlich zu bestreiten, gehen doch einige der grundlegenden Synthesen der Physik auf ihr Konto. Einen Beleg für dieses Harmoniestreben sieht der Mathematiker Pierre Cartier zum Beispiel in der Titius-Bodeschen Reihe.[43] Diese Ende des 18. Jahrhunderts aufgestellte empirische Formel, mit der die Abmessungen der Planetenbahnen erklärt werden sollten, drückt die annähernde Konstanz des Verhältnisses zwischen den Bahnabmessungen zweier benachbarter Planeten aus (das Verhältnis liegt nahe bei 2). Die Astronomen sahen darin seither einen Hinweis auf ein tieferes, noch zu entdeckendes Gesetz. Wo ist die Harmonie, die sich hinter einer solchen Regelmäßigkeit verbirgt? Worauf beruht sie? Das sind die Fragen, die man sich seither gestellt hat. Diese herausfordernde empirische Regel hat zu ganz unterschiedlichen Erklärungsversuchen geführt. Die einen bemühen die Resonanz, die anderen die Turbulenz oder die Skaleninvarianz und einige sogar die Goldene Zahl. Es scheint, als könne man auf all diesen Wegen zu einer einheitlichen Beschreibung einer ganzen Klasse von Phänomenen gelangen. Doch im speziellen Fall der Titius-Bodeschen Reihe hat sich keiner wirklich durchgesetzt, auch wenn man später zeigen konnte, daß diese Regel allgemeiner ist, als man ursprünglich annahm (analoge Regeln konnten für die Satelliten der Planeten abgeleitet werden). Sonst hätte die entsprechende Idee eine einigende Rolle gespielt, und sie wäre zum Bestandteil einer synthetischeren mathematisierten Vision geworden.

Wenn man über eine zunächst unverstandene lokale empirische Regel verfügt, besteht immer die Hoffnung, sie irgendwann im Rahmen einer globaleren Theorie erklären zu können.

Pierre Cartier zitiert ein anderes Beispiel, das sich auf einem ganz ähnlichen Hintergrund wie die Titius-Bodesche Reihe entwickelt hat, das aber einen so großen Erfolg hatte, daß es am Anfang des Jahrhunderts zur Revolutionierung der Physik beitrug. Es geht um die Klassifikation bestimmter Spektrallinien des Wasserstoffatoms in Abhängigkeit von ihrer Frequenz, die sogenannte „Balmer-Serie". Der im Umgang mit Zahlen geschickte und unzweifelhaft von pythagoreischen Überzeugungen getriebene Schweizer Johann Balmer (1825–1898) zeigte 1885, daß sich die Frequenzen v dieser Linien (von unbegrenzter Zahl) mittels einer einzigen empirischen Formel bestimmen lassen: $v = R(1/2^2 - 1/n^2)$, wobei n die ganzzahligen Werte 3, 4, 5, 6 usw. annimmt und R eine Konstante ist. Dieser einfache Ausdruck stellt eine Glanzleistung dar, denn er liefert eine unbegrenzte Zahl von exakten Frequenzwerten, obwohl seiner Aufstellung die – empirische – Kenntnis von nur vier Frequenzen zugrunde lag! Kurz danach, im Jahr 1890, wurde diese Formel von dem Schweden Johannes Rydberg erweitert und lautete dann: $v = R(1/m^2 - 1/n^2)$, wobei m und n von Null verschiedene ganze Zahlen sind. Diese Formeln hatten zunächst denselben Status wie die Titius-Bodesche Reihe. Das Vorkommen ganzer Zahlen ließ vermuten, daß sich dahinter eine aufzudeckende Harmonie verbarg. Diese wurde von Niels Bohr erfaßt, der 1913 ein Atommodell ersann, das diese empirischen Regeln vollständig erklärte. Niels Bohr konnte die Rydberg-Konstante R sogar aus anderen fundamentalen Konstanten der Physik ableiten: $R = 2 \pi^2 m e^4 Z^2 /h^3$; dabei ist h die Planck-Konstante, e die elektrische Ladung des Elektrons und Z die Zahl der im Atomkern vorhandenen Protonen. Dem Wunsch, für empirische Regeln eine harmonische theoretische Erklärung zu finden, war also über alle Erwartung hinaus Genüge getan.

Diese Beispiele legen ein erkenntnistheoretisches Modell für den Fortschritt der Ideen in der Physik nahe. Zunächst wird eine empirische Regel aufgestellt (Keplersches Gesetz, Titius-Bodesche Reihe, Balmersche Formel, Plancksche Konstante...), die eine bestimmte Kategorie von Phänomenen erklärt. Schon dieser erste Schritt ist vereinheitlichend, faßt er doch unter einer Beschreibung Situationen zusammen, die zwar verwandt, aber zunächst doch verschieden sind. Das Gesetz, zu dem man so gelangt, ist um so glaubwürdiger, als es in der Verteilung der Phänomene später auszufüllende Leerstellen vorsieht.

Die Frage ist dann, ob hier mehr als eine bloße Beschreibung vorliegt, der jegliche theoretische Bedeutung abginge. Denn es ist immer möglich, eine Anzahl n von Meßpunkten mit einer genügend „reichen" mathematischen Funktion (zum Beispiel einem Polynom n-ten Grades) zu erklären. Eine solche Operation führt zu einem „lokalen" empirischen Gesetz und einem Resultat, das nichtssagend und uninteressant bleiben kann, wie es bislang bei der Titius-Bodeschen Reihe der Fall ist. Es kommt aber auch vor, daß das Resultat eine sehr viel tiefere, manchmal geradezu magisch wirkende Entsprechung spiegelt, welche auf die verborgene Präsenz einer regelrechten Theorie hindeutet, die imstande ist, den beobachteten Regelmäßigkeiten einen Sinn zu verleihen: Das lokale Gesetz wird dann in einem weiteren Rahmen verständlich, fügt sich in ein Theoriegebäude ein, das größer ist als es selbst. So erging es Rydbergs Gesetz der Energieniveaus, so erging es auch dem im Jahr 1900 von Planck formulierten Gesetz über die Strahlung eines schwarzen Strahlers, dessen Erklärungskraft so groß war, daß es die Prinzipien der klassischen Physik zu Fall brachte.

Heute bietet die Teilchenphysik in der Quantenfeldtheorie ein beeindruckendes Beispiel der harmonischen Sichtweise, die sich in Symmetrien äußert. Die neueren Theorien nutzen nämlich eine Entsprechung zwischen den Verhaltensweisen von Teilchen (genauer: der Struktur der sie regierenden

Wechselwirkungen) und bestimmten mathematischen Symmetriegruppen.

Ist das Erkennen und Definieren der einzelnen Teilchen zunächst eine Sache spezieller Methoden, so ist die Klassifikation durch die modernen Theorien eine Sache der harmonischen Betrachtungsweise, geht es doch darum, die anzuwendenden Symmetrien herauszuarbeiten. Eine solche Betrachtungsweise hatte die alten Griechen veranlaßt, bestimmte Polyeder, nämlich die durch ihre Symmetrien charakterisierten platonischen Körper mit den vier Elementen des Aristoteles[44] oder mit den Planetenbahnen zu assoziieren. Die Mathematiker haben den Symmetriebegriff seither erweitert; die Gruppentheorie stellt reichere und komplexere Symmetrien zur Verfügung als die einfache Geometrie (der Polyeder). Die heutige Teilchenphysik macht ganz zwanglos von ihnen Gebrauch und verhält sich dabei ähnlich wie Kepler. Der Erfolg rührt daher, daß die auf der Gruppentheorie aufbauenden mathematischen Verfahren unseres Jahrhunderts es erlauben, solche Ideen sehr viel wirksamer zu nutzen und zu testen. Bisher hat jedoch niemand eine apriorische oder intuitive Begründung für die Anwendbarkeit dieser Verfahren geben können.

Das Wirken der Harmonie

Auch wenn es eine gewisse Vereinfachung ist – es besteht eine Verwandtschaft zwischen der harmonischen Tendenz und der Wellenkonzeption der Materie. Diese ist das genaue Gegenteil der Korpuskularauffassung, die den Teilchen- bzw. Atomgedanken betont. Tatsächlich besteht ein klarer Gegensatz zwischen der Korpuskel, einem quasi punktförmigen, genau lokalisierbaren Objekt, und der Welle, einer im Gegenteil entlokalisierten Struktur, die, wenn sie nicht den ganzen Raum einnimmt, ihrer Natur nach in ihm „ausgebreitet" ist. Der Schwingungscharakter der Welle verleiht ihr eine harmonische Konnotation. Das Wunderbare ist, daß beide Konzeptionen sich als fruchtbar erwiesen haben: erstere für die Mechanik und die Thermodynamik, letztere für die Theorie des Lichts und den Elektromagnetismus.

So einfach stellten sich die Dinge im 17. Jahrhundert natürlich nicht dar. Die Newtonsche Synthese wäre nicht gelungen, hätte sie sich nicht auf die Keplersche Harmonievorstellung gestützt, die von Galilei umgeformt worden war. Diese Synthese beruhte auf einem gegenteiligen, auf Teilchen basierenden und mechanistischen Weltverständnis. Einen großen Reiz übte, wie man inzwischen weiß, die Vorstellung von einer Harmonie der Natur auf Newton aus, wie sie in der Alchimie zum Ausdruck kam, für die Newton sich jahrelang begeisterte.[45] Das Werk Newtons ist insofern widersprüchlich, als es zu fast gleichen Teilen zwei gegensätzliche Visionen enthält. Newton war sich dessen übrigens vollkommen bewußt, so daß man sagen kann, er habe sein Genie gerade darin bewiesen, daß er vor dem Widerspruch nicht zurückscheute. Dies gilt beispielsweise für die geheimnisvolle Fernwirkung (die universale Anziehung), ein „Ärgernis für die mechanistischen Philosophen",[46] für die eine Wirkung nur durch direkten Kontakt entstehen kann, an der Newton jedoch widerwillig festhielt.

Diese Newtonsche Mechanik war dann ungeheuer erfolgreich. Sie präsentierte sich zwar als ein mechanisierter Atomismus, aus dem die Harmonievorstellung gänzlich verdrängt zu sein scheint, doch gerade auf der Analyse und speziell der sogenannten „harmonischen" Analyse beruhten ihre größten Erfolge. Die analytische Mechanik kehrt – im Verhältnis zur unverfälschten Newtonschen Tradition – teilweise zur kartesianischen Sichtweise zurück. Descartes hatte als einer der ersten die Analyse in die Geometrie eingeführt. Diese von Newton abgelehnte Mischung bewies in der Folgezeit eine bemerkenswerte Fruchtbarkeit.

Inzwischen hat sich die harmonische Sichtweise in den vom mechanistischen Atomismus Newtons beherrschten Konzeptionen mit Nachdruck geltend gemacht. Als er Professor Einstein einmal gefragt habe, wie er die Relativitätstheorie gefunden habe, habe dieser ihm geantwortet, er habe sie gefunden, weil er ganz und gar von der Harmonie des Universums überzeugt gewesen sei, berichtet Hans Reichenbach.[47] In *Mein Weltbild* spricht Einstein übrigens von der „kosmischen Religiosität", von der er sagt, sie sei die „stärkste und edelste Triebfeder wissenschaftlicher Forschung".[48] Was ist das für eine „kosmische Religiosität", die vom produktiven wissenschaftlichen Handeln nicht zu trennen ist? Einstein weiß es im Grunde auch nicht genau, außer daß sie keine anthropomorphe Gottesvorstellung heraufbeschwört und weder eine Verpflichtung noch einen Trost enthält. Was sie mit Bestimmtheit auszeichne, sei der Wunsch, die Gesamtheit des Seienden als vollkommen einsichtiges Ganzes zu empfinden, das verzückte „Staunen über eine Harmonie der Naturgesetzlichkeit, in der sich eine [...] überlegene Vernunft offenbart".[49] Man kann auch den Physiker Ernest Rutherford anführen, der 1911 ein Planetenmodell des Atoms vorschlug, das in seiner ganzen Struktur dem astronomischen Schema der harmonischen Anordnung der Planeten des Sonnensystems entsprach.

Offenbar liegt der Physik noch immer die harmonische Weltsicht zugrunde. Diese konkurriert nicht explizit mit dem mechanistischen Modell, hat es aber immer wieder diskret angeregt. Für den Teil unserer Physik, der nicht unter das Quantenschema fällt, ist zwar das mechanistische Modell gültig, doch ständig begegnen wir dort der harmonischen Analyse. So gibt es fast keinen Teilbereich der Physik, in dem die harmonische Analyse von Fourier nicht angewandt wird, die einer systematischen Suche nach einer mathematisierten Harmonie entspricht. Nehmen wir das Beispiel der Turbulenz. Sie erfordert zunächst einen hydrodynamischen Ansatz, der dem Teilchenschema entspricht. Nun gibt es aber offenbar nichts, was dem Problem beizukommen vermag, außer harmonische Ansätze: die Fourier-Analyse beziehungsweise ihre moderneren und leistungsfähigeren Varianten wie die Oberwellen-Analyse. Mit Hilfe dieser Analysen lassen sich aus den Turbulenzphänomenen die Diskontinuitäten, die Singularitäten herausarbeiten, die mehr oder weniger der intuitiven Vorstellung von Wirbeln entsprechen (die aber nicht mehr die Wirbel von Descartes sind). Danach ist es möglich und sogar zweckmäßig, neue Begriffe zu definieren und anzuwenden – Skaleninvarianzen, Katastrophen, fraktale Strukturen –, die aus der Annäherung der beiden gegensätzlichen Sichtweisen, der Teilchensicht und der harmonischen Sicht hervorgegangen sind.

Man ist versucht, sich die Quantenphysik als Endergebnis dieses dialektischen Prozesses vorzustellen. Die Wellenfunktion, die scheinbar halb Wellen-, halb Teilchencharakter hat, wäre dann der beste denkbare Kompromiß, eine Synthese, in der die harmonische und die mechanistische Sichtweise verschmelzen. Von der Quantenphysik, deren Beschreibung eine im wesentlichen mathematische ist, haben wir aber noch keine allseits geteilte Interpretation. Zumindest auf der Ebene der Intuition schwankt man zwischen Teilchen- und Wellenbild. Die wahre Natur der Realität[50] scheint nach wie vor unerreichbar zu sein. Vielleicht ist unser Geist dazu verurteilt, zwischen zwei Weltmodellen, die sich nicht vereinigen lassen, in der Schwebe zu bleiben. Dieser Schwebezustand ist sicherlich eine notwendige Bedingung für den Fortschritt der Physik.

Anmerkungen

[1] Vgl. W. Ostwald, in: *Revue générale des sciences pures et appliquées,* 1895, Nr. 21.

[2] Siehe dazu die Bemerkungen von D. Lecourt in *A quoi sert donc la philosophie?,* S. 92 f.

[3] Bei Aristoteles bezeichnet „physis", daß das Prinzip der Veränderung in der Sache, dem Ding selbst liegt, d.h., sie steht für einen „innewohnenden Drang zur Veränderung", den die Dinge, die von Natur aus da sind, „in sich" haben (vgl. *Physik* II 1, 192b 20).

[4] F. Nietzsche, *Die Philosophie im tragischen Zeitalter der Griechen,* S. 272.

[5] Ebd., S. 277.

[6] E. Cassirer, *Philosophie der symbolischen Formen,* Tl. 3.

[7] Hesiod, *Theogonie,* S. 10 (V. 116 – 119).

[8] Bei Leibniz heißt es: „Ist aber eine Regel sehr verwickelt, so gilt das ihr Gemäße als unregelmäßig." (*Metaphysische Abhandlung*, § 6, S. 13/15.

[9] Was nicht ausschließt, daß bestimmte Erklärungen auf laizisierte Mythen zurückgehen.

[10] Heraklit, Fragment 90; in H. Diels (Hrsg.), *Die Fragmente der Vorsokratiker*: „Umsatz findet wechselweise statt des Alls gegen das Feuer und des Feuers gegen das All."

[11] Heraklit, Fragment 64: „Das Weltall aber steuert der Blitz". Der Blitz ist, s. Diels, ebd., das ewige Feuer.

[12] Siehe zum Beispiel G. Deleuze, *Nietzsche und die Philosophie*, oder C. Rosset, *Le choix des mots*.

[13] Heraklit, Fragment 53; in H. Diels (Hrsg.), *Die Fragmente der Vorsokratiker*: „Krieg ist aller Dinge Vater, aller Dinge König."

[14] Heraklit, Fragment 61; ebd.

[15] Vgl. Heraklit, Fragment 51, ebd.: „Sie verstehen nicht, wie es [das Eine] auseinander strebend ineinander geht: gegenstrebige Vereinigung wie beim Bogen und der Leier."

[16] Heraklit, Fragment 80; ebd.

[17] Ende der zwanziger Jahre versucht der britische Physiker Paul Dirac, die Gesetze von Einsteins spezieller Relativitätstheorie, die für Objekte gelten, welche sich nahe der Lichtgeschwindigkeit bewegen, mit der ganz jungen Quantenmechanik zu integrieren, zu deren Begründern er gehörte. 1927 findet er auf rein mathematischen Wegen eine Gleichung, die seitdem seinen Namen trägt. Sie beschreibt das Elektron vollständig und erlaubt es, genauer als bis dahin die Energieniveaus des Wasserstoffatoms zu bestimmen, aber sie wirft ein heikles Problem auf: Die Hälfte ihrer Lösungen scheint negativen kinetischen Energien zu entsprechen, was auf den ersten Blick absurd erscheint, denn die auf der Bewegung eines Körpers beruhende kinetische Energie ist immer positiv. Kann man diesen Lösungen irgendeine Bedeutung zuschreiben? Dirac probiert es mit verschiedenen Hypothesen und behauptet dann, in diesen Lösungen äußere sich die Existenz von Teilchen mit positiver Energie, einer Masse, die exakt der des Elektrons gleich ist, aber mit einer entgegengesetzten elektrischen Ladung – der Antielektronen, die man später als Positronen bezeichnen wird. Dirac und seine schöne Gleichung hatten es genau getroffen. Schon 1932 entdeckt der Amerikaner Carl Anderson unter den Teilchen, die durch das Auftreffen kosmischer Strahlung auf die Erdatmosphäre entstehen, einige positive Zwillinge des Elektrons.

[18] A. Schopenhauer, *Die Welt als Wille und Vorstellung*, S. 175 f.

[19] W. Heisenberg, *Physik und Philosophie*, S. 44 f.

[20] Platon, *Sophistes* 259 d-e.

[21] Nach einer anderen, weniger berühmten Version über seinen Tod hat er sich schlicht und einfach aufgehängt.

[22] Eine Gemeinsamkeit dieser beiden Philosophen bestand im übrigen darin, daß sie in den Augen der Athener als gefährliche Neuerer galten. Weil er erklärt hatte, der Mond sei ein Stein (und nicht eine Göttin), drohte Anaxagoras ein Prozeß wegen Gottlosigkeit. Bekanntlich kam Sokrates, dem man vorwarf, die Jugend verdorben und die Götter der Stadt beleidigt zu haben, nicht so glimpflich davon (der berühmte Schierlingsbecher).

[23] Anaximander, Fragment B 1; in H. Diels (Hrsg.), *Die Fragmente der Vorsokratiker.*

[24] Parmenides, Fragment 6; in ebd.: „Dies ist nötig zu sagen und zu denken, daß *nur* das Seiende existiert. Denn seine Existenz ist möglich, die des Nichtseienden dagegen nicht."

[25] Parmenides, Fragment 4/5; in ebd.

[26] Siehe H. Poincaré, „Les Rapports de la matière et de l'atome", S. 47 f.

[27] P.A.M. Dirac hat eine solche Hypothese vorgeschlagen, doch aus verschiedenen kosmologischen Beobachtungen geht hervor, daß diese „Konstanten" über sehr lange Zeiträume bemerkenswert konstant waren.

[28] G. Bachelard, *Les Intuitions atomistiques, essai de classification,* S. 102.

[29] Nicht allen leuchtete die Atomlehre sogleich ein. Mehrere Jahre nach ihrem experimentellen Beweis durch Jean Perrin findet man den folgenden Satz aus berühmter Feder: „Der Atomismus ist ein Faktum für die Dummköpfe; „ in den Augen der großen Geister ist er nur eine Konvention" (Alain, *Histoire de mes pensées,* S. 47).

[30] Die Geschichte des Atoms war nicht ohne Ironie: In gewisser Weise gab eines der ersten Atommodelle, dasjenige, das Niels Bohr 1913 vorschlug, nachträglich den Energetikern recht, die der Energie den Vorrang vor der Materie gaben und folglich die Atomlehre ablehnten. In Bohrs Modell sind die Elektronen nicht mehr durch ihre Körnigkeit, ihre Lage im Raum und deren Entwicklung in der Zeit charakterisiert, sondern durch ihr Energieniveau, durch den stationären Zustand, in dem sie sich befinden.

[31] Siehe dazu das ausgezeichnete Buch von B. Pullman, *L'atome.*

[32] Vgl. Platon, *Phaidon* 97 ff.

[33] B. Pascal, *Pensées,* S. 133 (72 bei Brunschvicg, 199 bei Lafuma in den *Œuvres complètes,* Paris 1963).

[34] Philolaos, Fragment 4; in Diels (Hrsg.), *Die Fragmente der Vorsokratiker.*

[35] Zu diesem Punkt verweisen wir auf G. Holton, *Thematische Analyse der Wissenschaft,* insbesondere das Kapitel „Wie man eine Theorie konstruiert: Einsteins Modell", S. 372 ff. (Vgl. auch A. Einstein, *Briefe an Maurice Solovine,* Brief vom 7.V.1952, S. 118 – 121; den Unterschied zwischen dem eher intuitiven Suchen und Auffinden allgemeiner

„Prinzipe", die der Natur gleichsam „abgelauscht" werden und die der Deduktion als Basis dienen sollen, und der bloßen Anwendung der Methode beschreibt Einstein auch in seiner Antrittsrede vor der Preußischen Akademie der Wissenschaften „Prinzipien der theoretischen Physik" und in „Prinzipien der Forschung", einer Rede zum 60. Geburtstag Max Plancks, siehe in A. Einstein, *Mein Weltbild*, S. 110 – 113 bzw. 107 – 110. A.d.Ü.)

[36] Einstein sah in der speziellen und der allgemeinen Relativitätstheorie Prinzip-Theorien, in der Quantenphysik dagegen eine „konstruktive" Theorie. Sie werde, so folgerte er, ungeachtet ihrer bemerkenswerten Erfolge eines Tages als ein Grenzfall erscheinen, ableitbar aus einer noch unbekannten allgemeineren Theorie, „ebenso wie die Elektrostatik aus den Gleichungen Maxwells für das elektromagnetische Feld oder wie die Thermodynamik aus der statistischen Mechanik ableitbar sind" (nach A. Pais, *Raffiniert ist der Herrgott...*, S. 468).

[37] A. Einstein, „Zur Methodik der theoretischen Physik", S. 117; in: *Mein Weltbild*, S. 113-119.

[38] B. Ribémont, „Le moyen âge et la symbolique des nombres", S. 737.

[39] Nach B. Ribémont.

[40] Die fünf regelmäßigen Polyeder, deren Klassifikation Euklids *Elemente* beschließt.

[41] Kepler in einem Brief an Herwart; vgl. A. Koestler, *Die Nachtwandler*, S. 343.

[42] A. Koestler, ebd.

[43] Vgl. B. Ribémont, „Le moyen âge et la symbolique des nombres".

[44] Der Tetraeder entspricht dem Feuer, der Ikosaeder der Luft, der Kubus dem Wasser, der Dodekaeder der Erde. Hinzu kam der Oktaeder für den Äther, das fünfte Element, auch „Quintessenz" genannt, das die Himmel erfüllte.

[45] Siehe z.B. L. Verlet, *La Malle de Newton* oder auch R. Westphal, *Newton*,.

[46] Westphal, *Newton*.

[47] Nach M. Paty, *Einstein philosophe*.

[48] A. Einstein, „Wie ich die Welt sehe", S. 17; in: *Mein Weltbild*, S. 7– 45.

[49] Ebd., S. 18.

[50] Sofern die Worte „Natur" und „Realität" einen Sinn haben, was manche bestreiten.

2 Die offizielle Geburt der Physik

Das Eine ist meine Liebe. Das Eine macht mich frei in der Unterwerfung,
glücklich im Unglück, reich in der Not und lebendig im Tod.
Giordano Bruno

Die ersten Modernen

Vielfach glaubt man, die Physik sei im 17. Jahrhundert mit den großen Namen *Galilei, Descartes* und *Newton* entstanden. Wir haben oben an einige Aspekte dieser Genese erinnert. Es wäre jedoch ungerecht und irreführend, über diesen berühmten Namen die lange Reihe derer zu vergessen, die ihnen vorausgegangen sind und mit ihren Reflexionen das Mittelalter befruchtet haben. Es war ein langwieriger und mühsamer Weg von den Naturvorstellungen des Altertums, die zu Beginn dieses Buches angesprochen wurden, zur entstehenden Wissenschaft. In der Ideengeschichte mußten dazu et-liche Seiten umgeblättert werden. Unter den vielen Vorläufern, die der Moderne den Weg gebahnt haben, müssen außer den griechischen Denkern und Mathematikern wenigstens Thomas von Aquin (1225 – 1274) und Nikolaus von Kues (1401 – 1464) erwähnt werden.

Zunächst Thomas von Aquin, denn bis ins Mittelalter hinein war die Vernunft ganz dem Glauben, die Natur der Gnade, die Philosophie der Theologie untergeordnet. Thomas von Aquin deutete Aristoteles neu und ließ die Entstehung einer Philosophie zu, die von der Theologie verschieden, ja sogar relativ selbständig ihr gegenüber war. Die Philosophie soll der Theologie helfen, ohne indes ihre Dienerin zu sein. Weil es das Ziel dieser thomistischen Philosophie war, die Welt zu verstehen und den Menschen zu erklären, hat sie der freien Spekulation und damit der wissenschaftlichen Erkenntnis den Weg geebnet. Die Grundidee des Thomas von Aquin ist, daß die Wahrheit erst nach einer Untersuchung sichtbar wird, deren Gültigkeit gemessen wird an der Elle der Gleichsetzung ihrer Resultate mit dem, was die Realität zeigt. Neben der Syllogistik erhalten also auch Beobachtung und Erfahrung eine gewisse Berechtigung als Zugang zu Wissen und Objektivität: „Entsprechend der Übereinstimmung mit dem menschlichen Geist aber wird es [das Naturding] wahr genannt, sofern es geeignet ist, von sich aus eine richtige Beurteilung zu begründen, so wie im Gegensatz dazu die Dinge falsch genannt werden, welche geeignet sind, etwas zu scheinen, was sie nicht sind, oder anders zu scheinen, als sie sind".[1]

Hier haben wir ein erstes Kriterium zur Beurteilung der Früchte des Verstandes. Man kann es sicherlich kritisieren, aber dank Thomas von Aquin hat die Theologie nach und nach ihre Grenze gefunden und die Gewaltenteilung erlaubt, auf der die Wissenschaft ihre Autonomie gründen wird; so konnte sich die Idee des „Naturgesetzes" mit ihrem eigentümlichen Profil herausbilden. Weil es eine *physis* mit der Notwendigkeit ihrer Gesetze gibt, kann die Wissenschaft sich zu einem *logos* aufbauen. Thomas von Aquin entgeht auf diese Weise der Versuchung, die Naturkräfte in einer naiven Wundergläubigkeit oder in einem automatischen Rekurs auf die göttliche Vorsehung zu sakralisieren. Er bewirkt, daß eine ganze Welt des Übernatürlichen, die ihr Trugbild auf die Dinge projizierte, aus den Köpfen verschwindet. Die Natur erscheint in ihrer profanen Wirklichkeit. Ihre Autonomie ist freilich eingeschränkt: Der Vollkommenheit der Schöpfung etwas zu entziehen, so Thomas, heiße, der Vollkommenheit der Schöpfermacht selbst Abbruch zu tun. Die Vernunft, die das Universum organisiert, ist für ihn von der transzendenten göttlichen Vernunft abgeleitet; die Ordnung der Welt hat ihr Sein und ihre Einheit von der göttlichen Einfachheit, denn sie imitiert, indem sie sie vervielfacht und entfaltet, die Fülle, die Gott in sich konzentriert.

Ein anderer Vorläufer von Kopernikus und Kepler war Nikolaus von Kues. Die Rolle, die er der aktiven Tätigkeit des Verstandes einräumt, und der Gebrauch, den er von einer Dialektik macht, die (bisweilen an die Hegelsche Dialektik erinnernd) dem Negativen einen Platz läßt, erlauben uns, ihn als einen sehr „modernen" Geist zu betrachten. Er verstand es, die Kriterien zu formulieren, mit deren Hilfe die Wirksamkeit des Erkenntnisaktes überhaupt erst gedacht werden kann, und das gegen eine Theologie, die diese Kriterien zu ihrem eigenen Vorteil zu verdunkeln suchte. In *De docta ignorantia* erklärt Nikolaus von Kues, daß man nur erkenne, indem man die Phänomene mit Hilfe von Worten und Begriffen trenne und einander entgegensetze. Doch was das Subjekt der Erkenntnis antreibt, ist die Suche nach der Einheit, so daß der Mensch sich gewissermaßen eingesperrt findet in der Sphäre des Intelligiblen, zugleich von dem Wunsch beherrscht, die Sphäre des Unintelligiblen für sich zu erobern, die Sphäre des Unendlichen und Göttlichen, das jenseits der Gegensätze liegt, die allein erkennbar sind. Deshalb gibt es nur einen negativen Zugang zu Gott, und deshalb muß man nach dem Vorbild der negativen Theologie von einer negativen Erkenntnis (einer „belehrten Nichtwissenheit", einem „gelehrten" oder „wissenden Nichtwissen") sprechen: Gott gibt sich im Maße dessen zu erkennen, was das menschliche Erkenntnisvermögen übersteigt.

Statt den theologischen Standpunkt zu begünstigen, trägt diese Situation dazu bei, den Standpunkt der Wissenschaft autonom zu machen. Wenn Gott nämlich mit unserem Erkenntnisvermögen inkommensurabel ist, kann man aus ihm nicht die Einzelwesen ableiten, die das Universum bevölkern und die wir gern zum Gegenstand der Wissenschaft machen möchten. Die Individuen sind in diesem Sinne streng „zufällig", das heißt kontingent. Da man sie nicht aus der höchsten Einheit ableiten kann, muß man sie an sich und für sich zu erkennen suchen. Jedes zu erkennende Objekt wird also als sich selbst genügend gedacht, und es ist Aufgabe des menschlichen Verstandes, es in seinen spezifischen Merkmalen zu begreifen. Das Absolute bleibt in diesem Kontext das Ziel des Wissens, aber es ist lokalisiert in den Geschöpfen und nicht mehr im Jenseits unserer Erkenntnis; das Unendliche beschreibt den Horizont des Wissens als Summe der endlichen, dem menschlichen Verstand unterworfenen Objekte. Das Geschöpf wird als Selbstdarstellung des Schöpfers verstanden und bietet aus diesem Grund Aussicht auf Erkenntnis des Göttlichen.

Die Wissenschaft der Menschen kann sich also mit der sichtbaren Welt befassen, ohne sich der Gottlosigkeit oder der Unwürdigkeit auszusetzen, denn dabei erforscht sie den unsichtbaren Schöpfer: Wir erkennen die Einheit der unerreichbaren Wahrheit in der Andersheit der Mutmaßungen. So verabschiedet *De docta ignorantia* die Theologie und rettet zugleich den erbaulichen Charakter des Willens zum Wissen. Für den Kusaner verhält sich das Wissen der Menschen zum Absoluten wie das Polygon zum Kreis, also wie eine virtuell bestimmbare Näherung.

In einem anderen seiner Bücher, dem aus dem Jahr 1447 stammenden *Dialog über die Genesis*, spricht Nikolaus von Kues das Problem des Einen und des Vielen an. Lange vor Kepler schlägt er vor, die als Substanz oder Essenz gedachte Einheit der Welt zu ersetzen durch die Harmonievorstellung, derzufolge die Einheit der Welt auf Beziehungen und auf Beziehungen von Beziehungen beruht. Statt eines abstrakten Systems der „Natur" schlägt er ein System vor, das aus konkreten Individualitäten besteht, die untereinander durch Gesetze verbunden sind. Der Verstand, so Nikolaus von Kues, solle beim Studium der physischen Welt nicht nach Typen suchen, die es dort nicht gebe, noch solle er anderswo nach ihnen suchen, in diesem oder jenem wahrnehmbaren Phänomen, das seiner individuellen Akzidentien beraubt wurde, sondern er solle die Beziehungen zwischen den Phänomenen bestimmen. Ein solcher Schluß kommt den Anfängen der modernen Methode sehr nahe, zumal Nikolaus von Kues die Wissenschaft fast nur in mathematischer Form denkt, besonders die Kosmologie, die Mechanik, die Physik und die Chemie (er träumt von einer mathematischen Medizin). Sind das nicht die allerersten Anfänge des wissenschaftlichen Evangeliums, das seit dem 17. Jahrhundert gepredigt und praktiziert wird?

Besonders in den Schriften des Physikers Joseph Fourier (1768–1830) stößt man auf Aussagen, die den soeben zitierten des Nikolaus von Kues sehr nahe kommen. Joseph Fourier liefert Anfang des 19. Jahrhunderts den Beweis, daß die Wissenschaft nicht nach den Ursachen oder dem innersten Wesen der Phänomene zu forschen hat, sondern nach ihren Gesetzen. Als erster entwickelt er eine „analytische Theorie der Wärme", in der die Fragen der Wärmestrahlung, der Wärmeleitung und der Wärmeströmung (Konvektion) mathematisch behandelt werden, ohne daß über die Natur der letzteren eine mechanische oder sonstige Hypothese aufgestellt wird. Fourier zeigt, daß die analytische Wärmelehre sich nicht auf den Begriff der Ursache stützt; sie beruht auf der Hypothese, daß die untersuchten Tatsachen einfachen und konstanten Gesetzen unterliegen, die man durch Beobachtung entdecken kann und deren Studium Gegenstand der Naturphilosophie ist.[2] Ursachen werden nicht geleugnet, spielen aber in wissenschaftlichen Theorien keine Rolle. Die Theorie bezieht sich nicht auf die Ursachen der Wärme, sondern auf ihre Wirkungen, die, so Fourier, eine besondere Klasse von Phänomenen bildeten. Um diese Theorie aufzustellen, fährt Fourier fort, sei es zunächst erforderlich gewesen, die elementaren Eigenschaften, welche die Wirkung der Wärme bestimmen, zu unterscheiden und zu definieren. Diese Phänomene würden sich, wenn sie erst einmal erfaßt seien, in eine sehr kleine Zahl von allgemeinen und einfachen Tatsachen auflösen; und damit reduziere sich jede physikalische Frage dieser Art auf eine mathematische Analyse.[3]

Diese Resultate hatten weitreichende geistige Folgen, äußern sich in ihnen doch zwei gewichtige Tatsachen: die Entdeckung einer neuen, von Newton unabhängigen physikalischen Theorie und die Entwicklung einer strengen Wissenschaft, die vom Begriff der Ursache keinerlei praktischen Gebrauch macht. Fourier verfolgte übrigens keine philosophischen Absichten, doch beeindruckte sein Werk August Comte und diente den Positivisten als Vorbild. Fouriers Lehre ist für sie eindeutig: Die Mathematik schlägt der Natur ihre Logik vor; damit führt sie auf kontingente Weise Notwendigkeit in die Erfahrungstatsachen ein. Andererseits erklärt sie nicht das Wesen der Dinge, sondern begnügt sich mit der Beschreibung des Beobachtbaren.

Man muß freilich zugeben, daß – von einigen Vordenkern abgesehen – vor Galilei von Physik im strengen Sinn keine Rede sein kann. Das von Aristoteles inspirierte „orthodoxe" Bild der Natur entspricht eher einer Naturphilosophie, die sich auf die sinnliche Wahrnehmung stützt. Sie ist unmathematisch. Vielfach wird die Natur als ein Prozeß oder als ein riesiger Organismus aufgefaßt. Die Welt wird als ein lebendiges, biologisches, dem Menschen ähnliches und vor allem teleologisch ausgerichtetes Wesen gesehen. Die Bilderwelt des Mittelalters stellt oft Entsprechungen zwischen den Konstellationen bzw. den Planeten und bestimmten Teilen des menschlichen Körpers dar. Einer der bezeichnendsten Vertreter dieser Strömung ist der Rosenkreuzer Robert Fludd (1574–1637), den Kepler später kritisieren und in die Tradition der „Alchimisten, Hermetiker und Paracelsisten" einreihen wird.[4] Okkultismus, Magie, Aberglaube und Astrologie sind damals noch nicht so voneinander getrennt wie heute und können deshalb nicht von der großen humanistischen Bewegung gelöst werden, die sich in der Renaissance entfaltet.

Die Welt wird nicht als ein System beschrieben, das Gesetzen gehorcht. Das erfolgt erst später, mit Kepler, der es zu seinem Ziel erklärt, „zu zeigen, daß die himmlische Macht keine Art göttliches, lebendes Wesen ist", sondern gesetzmäßig verläuft wie „eine Art Uhrwerk".[5]

Eine beeindruckende Illustration dieser Vorstellungen gibt Pierre Thuillier, der von den folgenden Äußerungen des Indianerhäuptlings Smohalla berichtet, dem Robert Boyle (1627– 1691), ein entschiedener Anhänger eines mechanistischen Weltbildes, vorgeschlagen hatte, sein Land zu pflügen und rationell zu bestellen: „Ihr fordert mich auf, die Erde zu pflügen; soll ich ein Messer nehmen und den Schoß meiner Mutter zerfetzen? Dann aber wird sie mich, wenn ich sterbe, nicht aufnehmen wollen, daß ich in ihr ruhe. Ihr fordert mich auf, die Erde aufzugraben, um Steine herauszuholen; soll ich unter ihrer Haut wühlen und ihr die Knochen fortnehmen? Dann aber werde ich, wenn ich sterbe, nicht in meinen Körper zurückkehren können, um ein zweites Mal geboren zu werden. Ihr fordert mich auf, Gras zu schneiden und Heu zu machen, das ich dann verkaufe, um reich zu werden wie der weiße Mann. Doch wie kann ich es wagen, das Haar meiner Mutter zu schneiden?"[6]

Angesichts der augenscheinlich unzusammenhängenden Tatsachen hatten die Aristoteliker zweifellos erkannt, daß es schwierig ist, eine reale Einheit in der Welt auszumachen. Dies war Aristoteles zufolge aber die Aufgabe des Philosophen. Auf jeden Fall gegen Aristoteles behauptet Galilei als erklärter Platoniker die grundlegende Einheit der Physik. Etwa gleichzeitig postuliert Descartes diese Einheit nachdrücklich für die gesamte Wissenschaft. Überzeugt, daß die von ihm isolierten Prinzipien auf dem Wege der Deduktion alles zu erklären vermögen, nimmt er für sich in Anspruch, die Frage, woher es kommt, daß es Berge gibt, aus denen manchmal große Flammen schlagen, ebenso erklären zu können wie den Grund für die rote Farbe des tierischen Blutes. Als er die *Prinzipien der Philosophie* verfaßt, ist er überzeugt, den Schlüssel gefunden zu haben, mit dem man alle Rätsel der Natur lösen kann. Die Möglichkeit, daß er nicht den wahren Code der physikalischen Theorie gefunden haben könnte, schloß er natürlich nicht ganz aus, aber er hielt sie nicht für wahrscheinlich. Der Epitaph, den der Botschafter Frankreichs auf der vorläufigen Ruhestätte des Philosophen in Schweden einmeißeln ließ, gibt dieser festen Erwartung Ausdruck: „Mysteria naturae cum legibus matheseos componens, eadem clavi utriusque arcana reserari posse ausus est sperare." Das heißt: „Die Mysterien der Natur und die mathematischen Gesetze verbindend, hatte er die Kühnheit zu hoffen, mit ein und demselben Schlüssel in beider Geheimnisse eindringen zu können." Seine Hoffnung, daß ein und derselbe Schlüssel dazu dienen könnte, ist um so verständlicher, als Descartes über die Physik sagt, er habe sie auf die Gesetze der Mathematik zurückgeführt.

Die Mathematik im Dienst der Einheit

Es gab selbstverständlich schon seit der Antike mathematische Weltbilder oder doch solche, die sich von bestimmten Aspekten der Mathematik inspirieren ließen. So sahen Euklid und Archimedes die Welt unter dem Aspekt geometrischer Formen. Die Pythagoreer und ihre Nachfolger waren von den Beziehungen zwischen Zahlen besessen. Diese Vorstellungen wurden jedoch verworfen von der vorherrschenden Philosophie der Aristoteliker, die der Mathematik keine Bedeutung beimaßen. Erst Galilei und Descartes rückten die Mathematik in den Vordergrund und bereiteten so den Boden für Newton. Galilei warf den Aristotelikern u. a. vor, die Bedeutung der Mathematik nicht zu erfassen; sie hatten zwar erkannt, daß die Erfahrung für die Entwicklung eines Weltbildes wichtig ist, verließen sich aber zu Unrecht allein auf sie. Galilei ersann eine wissenschaftliche Methode, die der Vernunft ein Übergewicht gegenüber der bloßen Erfahrung gibt, die an die Stelle einer empirisch erkannten Realität ideale Modelle setzt und der Theorie den Primat gegenüber den Tatsachen zuerkennt. Er erklärte als erster, Erfahrung und Beobachtung blieben jeglicher Bedeutung beraubt, wenn sie nicht durch eine Theorie aufgeklärt würden.[7] Wissenschaft ist jetzt mehr als nur ein anderes Wort für Erfahrung. Zur Formulierung der Fragen, die man an die Natur richten möchte, braucht man die Mathematik ebenso wie zur Interpretation der Antworten, die sie zu geben bereit ist.

Was Galilei vor allem vereinheitlicht, ist die Methode, die zur Grundlage der Physik wird, indem sie der Mathematik eine bestimmende Rolle zuerkennt. Die Wurzeln dieser Tradition, die aber nie richtig zur Geltung gekommen war, findet man bei mehreren Denkern des griechischen Altertums.

Wenn sie sich nun im 17. Jahrhundert entfaltet, liegt das zweifellos daran, daß die Physiker sich vornehmlich für die Mechanik interessieren, die sich besonders gut für die Mathematisierung eignet. Man kann mit Antoine Cournot sagen, daß „Galilei der Schöpfer der experimentellen und der mathematischen Physik war". Er hat es verstanden, „die Erfahrung systematisch so zu lenken, daß die Natur ihr Geheimnis preisgeben und das einfache, grundlegende mathematische Gesetz enthüllen mußte, das sich unseren schwachen Sinnen entzieht oder von der Kompliziertheit der Erscheinungen verschleiert wird".[8] Tatsächlich ist die Physik einem mechanistischen Modell gefolgt, dessen Ausarbeitung von Newton vollendet wurde. Es war so erfolgreich, daß man es, den Anregungen Descartes' folgend, nach den Triumphen der Newtonschen Physik auf sämtliche Wissenschaftsdisziplinen übertragen wollte. Unbestreitbar war es eine treibende Kraft hinter den Anstrengungen der Wissenschaft, und manche Wissenschaftshistoriker scheuen nicht einmal vor der Behauptung zurück, Newtons Naturphilosophie stehe hinter der mechanistischen Reduktion des Lebenden auf sein physikalisch-chemisches Substrat ebenso wie hinter der tayloristischen Rationalisierung der Arbeit.

Wie dem auch sei: Für Galilei gilt – wie für Descartes –, daß die Einheit nur möglich ist dank der Mathematik und der Geometrie, die ‚Flügel verleiht'. Ohne ihre Hilfe könnte man sich nicht ‚vom Boden erheben'. Koyré zufolge „läßt sich der Kern der Galileischen Wissenschaftsrevolution auf die Entdeckung der Sprache der Natur zurückführen, auf die Entdeckung, daß die Mathematik die Sprache der Wissenschaft ist".[9] Mit Galilei setzt sich somit ein neues Verständnis der Wahrheit durch, im Gegensatz zu dem alten Verständnis, das die Wahrheit der göttlichen Offenbarung unterordnete; jetzt ist die Wahrheit nicht mehr von Gott gegeben, sondern bietet sich demjenigen dar, der sich in die Lage versetzt, sein Werk zu entziffern.

Descartes formuliert dieses „Postulat des universalen Mathematismus" explizit. Die neue Wissenschaft versteht sich als mathematischer Ausdruck der Phänomene der Wahrnehmung. Der Mathematik kommt es zu, eine einheitliche Sichtweise zu liefern: Die Physik wird nicht mehr sein als Geometrie. Was bei Platon (im *Timaios*) nur ein Glaubensbekenntnis war, wird seit dem 17. Jahrhundert zum Programm der Vernunft. So entsteht eine „wunderbare Wissenschaft; in ihr vereinen sich und kulminieren der Glanz der physikalisch-mathematischen Erkenntnis – denn es ist ein universeller Triumph der mathematischen Klarheit – und der Glanz der spirituellen Innerlichkeit", schreibt Jacques Maritain über Descartes.[10] Doch nicht Descartes bringt dieses Programm zum Abschluß, sondern erst Newton, wenngleich er sich in mancherlei Hinsicht gegen die kartesianische Konzeption wehrt (denken wir zum Beispiel an den Atomismus). All diese Denker sind sich dennoch darin einig, der Mathematik eine unersetzliche Rolle zuzuerkennen.

Galilei als Begründer der Physik

Galilei nutzt seine Fähigkeit zur Synthese für eine einheitliche Betrachtungsweise. Sein *Diskurs über die Körper, die auf dem Wasser schwimmen oder in demselben sich bewegen* (1612) verbindet den statischen Ansatz des Archimedes mit dem eher dynamischen des Aristoteles. Beide sind zu begrenzt, und so konstruiert er aus ihnen einen neuen, einheitlicheren Ansatz. Mit diesem Vorgehen begründet er die Physik, deren Ge-schichte sich häufig als eine Wiederholung dieses Schemas darstellt, mit gleichzeitigen Vereinheitlichungen auf mehreren Ebenen, die nachträglich durch ihren praktischen Erfolg gerechtfertigt werden.

Die Einheit, welche die Physik begründet, gründet ihrerseits in der Mathematik, aber auch im Begriff des Gesetzes. Der Gründungsakt, der zugleich den Begriff des Universums rechtfertigt (beide gehen, wie wir sehen werden, Hand in Hand), besteht in der Annahme der Tatsache, daß einige Gesetze „universell" sind, also überall, an allen Orten, zu allen Zeiten und für alle Objekte gültig sind. Diese universellen

Gesetze halten uns definitionsgemäß davon ab, die Welt als Chaos oder anarchisches Aggregat zu denken.[11] Sie einen die Welt, verwandeln sie in ein zum Gegenstand der Wissenschaft erhobenes Universum, dessen Erforschung im strengen Sinne dadurch erst möglich wird. Die Erfindung des Universums ist – gegen Aristoteles – die Vereinheitlichung der Bewegung, der Materie und des Raumes.

Die Vereinheitlichung der Bewegung

Von astronomischen und kosmologischen Fragen bewegt, interessieren sich die Gründer der Physik hauptsächlich für Mechanik und Dynamik, zwei Disziplinen, die als erste die Vereinheitlichung ihrer Gesetze erleben. „Die Astronomie, als Wissenschaft vom Himmel, liefert den kosmischen Rahmen für die wissenschaftliche Revolution. […] Eine grundlegende Umgestaltung der Naturphilosophie war nicht möglich ohne eine Änderung der Mechanik, der Wissenschaft von der Bewegung, denn diese spielt eine zentrale Rolle in jeder Konzeption der Natur."[12] Für Galilei ist die Bewegung fast nichts: gleichförmige Bewegung und Ruhezustand werden als äquivalent betrachtet, stehen für ein und denselben Begriff der Trägheit. Galilei macht Schluß mit der aristotelischen Vorstellung, die natürlichen Bewegungen seien auf der Erde geradlinig (nach unten gerichtet) und am Himmel kreisförmig.[13] Nach ihm kann die Physik ein Trägheitsprinzip postulieren, das für Kreisbewegungen ebenso wie für geradlinige Bewegungen gilt, womit sie wiederum dem Weg folgt, den Kepler ihr mit der Entdeckung der elliptischen Planetenbahnen eröffnet hatte. Kopernikus hatte nicht daran gedacht, den Vorrang des Kreises am Himmel anzutasten. Einige Jahre später wird Newton die Arbeiten Galileis fortsetzen und zunächst den Kraftbegriff einführen, um dann der Dynamik ihre endgültige Formulierung zu geben. Die Vereinheitlichung, mit der sein Name verbunden bleibt, beruht weitgehend auf diesen Berechnungen.

Die vereinheitlichte Materie

Für die Aristoteliker zerfiel die Materie in vier Elemente, die auf vielfältige Weise miteinander kombiniert und verknüpft waren. Jeder Versuch einer einheitlichen Beschreibung dieser Materie mußte schon daran scheitern, daß diese Elemente gegensätzliche Schicksale haben. Er mußte ferner daran scheitern, daß diese elementare Beschreibung in ihrer Geltung auf unsere lokale Welt beschränkt ist, die Aristoteles für unvollkommen und vergänglich hielt, im Unterschied zur fernen, vollkommenen und unvergänglichen Welt. Diese sollte von grundlegend anderer Natur sein, bestehend aus einer unveränderlichen „Quintessenz". Der von Galilei vollzogene Verzicht auf die aristotelische Sicht läßt die Vereinheitlichung nicht nur zu, sondern verlangt sie sogar.

Für Galilei kann es keine Unterscheidung mehr geben zwischen unserer lokalen Welt und der fernen Welt. Sein Fernrohr auf den Himmel gerichtet, hatte er die Unebenheit der Mondoberfläche entdeckt, „voll von Unregelmäßigkeiten, voll von Löchern und Protuberanzen", genau „wie die Oberfläche der Erde, die allenthalben durch hohe Berge und tiefe Täler unterschieden wird".[14] Die Materie ist folglich überall dieselbe, „erdig" hier wie auf dem Mond oder wo auch immer, denselben Gesetzen gehorchend, vergänglich im Himmel wie auf Erden. Galilei hält es im übrigen für falsch, Unveränderlichkeit mit Vollkommenheit gleichzusetzen, denn alles, was vergänglich ist, ist darum noch nicht unvollkommen. Er schreibt: „Diese Menschen, die Unzerstörbarkeit, Unwandelbarkeit und dergleichen preisen, sprechen, so glaube ich, aus dem starken Wunsch, lange zu leben, und aus der Furcht vor dem Tod." Zweifellos sei die Erde so, wie sie ist, vollkommen, wandelbar und sich verändernd, eine Masse aus Stein, hart und unempfindlich wie ein Diamant.[15]

In der Genesis deutet nichts darauf hin, daß Gott bei der Erschaffung von Himmel und Erde unterschiedliche Materialien verwendet hätte. Dennoch wurden diese beiden Welten erst durch Galilei förmlich für die Astronomen vereinheitlicht.

Der Genauigkeit halber muß man allerdings sagen, daß schon in den Jahrzehnten vor Galileis Beobachtungen die Unterscheidung zwischen sublunarer und supralunarer Welt angezweifelt worden war. Kopernikus hatte die Vorzugsstellung der Erde bestritten, und Giordano Bruno hatte behauptet, die Natur sei überall von gleicher Essenz, aus gleicher Materie gemacht. Tycho Brahe und Kepler gingen noch weiter; es gelang ihnen, die von ihnen beobachteten „neuen Sterne"[16] korrekt jenseits der Mondbahn zu verorten. Diese Sterne, „neu" und somit nicht ewig, fanden dennoch ihren Platz in der supralunaren Welt, die bislang als unwandelbar galt! Damit war es nicht mehr möglich, diese Welt als unveränderlich zu betrachten. Die aristotelische Unterscheidung funktionierte nicht mehr. Tycho Brahe und Kepler beobachteten außerdem Kometen, deren Bahnen auf unerklärliche Weise die vollkommenen kristallinen Sphären hätten kreuzen müssen. Diese Sphären flogen in Scherben – nicht im wörtlichen Sinne, weil es sie gar nicht gab, aber im übertragenen Sinne: Diese Beobachtungen ließen bei diesen beiden modern denkenden Gelehrten schwere Zweifel am aristotelischen Weltbild aufkommen.

Es war jedoch Galilei, der dem alten Weltbild den Todesstoß versetzte. Er hat nicht nur den Mond als etwas „Erdiges" mit einer von Bergen bedeckten Oberfläche gesehen. Er hat auch beobachtet, daß die Sonne – alles andere als vollkommen und unveränderlich – sich gelegentlich mit Flecken überzieht. Der Himmel ist nicht mehr die Heimat der Ordnung, der Vollkommenheit, der Unveränderlichkeit. Galilei entdeckt, daß es nur eine Welt mit universellen Eigenschaften gibt, kurz, ein Universum! Das ist gleichbedeutend damit, daß die Geltung der physikalischen Gesetze „universell" ist. Dieses Detail ist immerhin die Grundlage der gesamten Physik.

Diese Vereinheitlichung des Raumes widersprach in doppelter Hinsicht den damals herrschenden Vorstellungen. Wenn der Raum gleichförmig, homogen, überall derselbe ist, dann nehmen die Erde und der Mensch, der auf ihr zu Hause ist, keinen ausgezeichneten Ort mehr im All ein. Schluß mit dem Anthropozentrismus, dem bereits Kopernikus und vor allem Giordano Bruno hart zugesetzt hatten. Schluß auch mit der Theorie der Orte bei Aristoteles. Für ihn war die Erde der Ruheort der schweren Körper, die durch Verwandtschaft von ihr angezogen wurden; der Himmel war der Ruheort des Elementes Feuer, das von leichter Natur war. Diese Unterscheidungen werden hinfällig: Die Himmelskörper unterscheiden sich nicht mehr von den irdischen Körpern, noch unterscheiden sich die Gesetze, die auf sie anzuwenden sind. Bald darauf wird Isaac Newton die Gesetze verkünden, die endgültig jede Unterscheidung zum Verschwinden bringen.

Die Entstehung des Begriffs Universum

Früher gab es Männer von Welt.
Künftig gibt es Männer des Universums.
Paul Valéry

Diese Ideen werden im 20. Jahrhundert wieder aufgegriffen und unter der Bezeichnung „kosmologisches Prinzip" formalisiert. Es beruht auf der Grundannahme der Homogenität des Raums und damit der Identität aller Orte;[17] namentlich sind die Gesetze überall dieselben. Die Physik stützt sich somit auf die Existenz eines Universums, das per definitionem einmalig und aufgrund seiner Konstruktion vereinheitlicht ist.

Es ist einmalig, denn alle Physiker befassen sich mit ein und demselben Universum[18] (Jacques Desmarets und Dominique Lambert[19] haben die Argumente gesammelt, aus denen hervorgeht, daß die Idee multipler Universen physikalisch wie philosophisch sinnlos ist). Es ist vereinheitlicht, denn alle Teile der Welt, die der Raum einschließt, sind äquivalent, von den gleichen Gesetzen regiert, die damals als universell bezeichnet wurden, eben weil sie im ganzen Universum gelten. Die Gesetze sind nicht denkbar ohne das Universum, das Universum nicht ohne die Gesetze.

Freilich muß sich die Physik, wie wir sehen werden, in ihrem praktischen Vorgehen beschränken, sie muß dieses Universum in Teile, Systeme unterteilen, eine Vorgehensweise, die wir als isolationistisch bezeichnen. Legitimität kann sie aber nur beanspruchen, wenn sie eine Universalität unterstellt, die die Anwendbarkeit der Gesetze auf all diese Systeme garantiert. Auf jeden Fall ist die Anerkennung des Universums der Gründungsakt der Physik; sie verbindet als gemeinsamer Punkt alle Protagonisten dieses Unternehmens: Kopernikus und Bruno, dann Tycho Brahe und Kepler (der Kopernikus als den anerkannte, der die festen Bahnen zerstört hatte), Galilei natürlich und Descartes (der verkündet, daß die Materie der Himmel und der Erde ein und dieselbe sei), schließlich Newton, der die Eigenschaften dieses neuen Universums, der Zeit und des Raumes präzisiert.

Für die Kirche war diese Konzeption alles andere als befriedigend. In einem Universum, in dem die Gesetze überall mit den hier geltenden Gesetzen identisch sind, sind andere Welten als die unsere (das Sonnensystem und die Erde) möglich. Gott ist nicht faul und hat sich nicht mit der Erschaffung einer einzigen begnügen können. Für solche Ansichten wurde Giordano Bruno im Jahre 1600 bei lebendigem Leibe verbrannt.

Bis zu Beginn des 20. Jahrhunderts kam die Wissenschaft nicht auf den Gedanken, daß das Universum eine Entwicklung haben könnte. Die Vorstellung, daß das Universum etwas Unveränderliches sei, saß so fest in den Köpfen, daß selbst Einstein, der die Relativität entdeckte, nicht an eine Evolution dachte, und so waren die ersten Modelle des Universums, die er vorschlug, statisch. Der erste, der auf den Gedanken kam, es könne anders sein, war der belgische Physiker Georges Lemaître. Gestützt auf Beobachtungsergebnisse und Berechnungen der allgemeinen Relativitätstheorie,[20] sprach er in den zwanziger Jahren die Vermutung aus, daß das Universum expandiere. Bald durch die beobachteten Rotverschiebungen von Galaxien und das Hubble-Gesetz (1929) bestätigt, wurde diese Expansion als Grundlage der neuen

Kosmologie anerkannt, wenngleich man sie zunächst als etwas Geometrisches und Abstraktes betrachtete. Ihre streng physikalischen Konsequenzen, daß nämlich auch der Inhalt des Universums eine Entwicklung haben mußte, wurden nicht sogleich anerkannt, ganz im Gegenteil. Lemaître – wieder einmal der erste – formulierte Anfang der dreißiger Jahre seine intuitive Hypothese vom „Uratom", die in der wissenschaftlichen Gemeinschaft zunächst skeptisch aufgenommen wurde. Erst 1965 normalisierten sich die Dinge, als die Urknallmodelle durch die Entdeckung der kosmischen Hintergrundstrahlung eine erste Bestätigung erhielten.[21]

Descartes' „wunderbare Wissenschaft"

Galileis Konzeption der Dynamik und der Physik setzt sich durch, während die aristotelische Konzeption an Boden verliert. In Galileis Todesjahr wird in England Isaac Newton geboren, der das von ihm begonnene Werk fortsetzt und die theoretischen Grundlagen jener Physik legt, die wir größtenteils heute noch verwenden. Dank Newtons Berechnungen kann eine vereinheitlichte Physik entstehen, doch es war Descartes (1596 – 1650), der die Forderung nach einer Vereinheitlichung vorher am klarsten ausgesprochen hatte.

Descartes träumt davon, „die verschiedenen mathematischen Wissenschaften zu einer einzigen Wissenschaft von den Proportionen zu verschmelzen":[22] Die Harmonie soll mathematisiert und die Wissenschaft vereinheitlicht werden. Denn „alle Wissenschaften [sind] nichts anderes [...] als die menschliche Weisheit, die immer eine und dieselbe bleibt, auf wieviele verschiedene Gegenstände sie auch angewendet sein mag".[23] Die Vielfalt der Objekte, auf welche die Wissenschaft angewandt wird, widerspricht durchaus nicht diesem Einheitsstreben: Es gibt nur eine Wissenschaft, so wie es auch nur ein Denken gibt. Sie soll bezeugen, daß der Geist über das Objekt herrscht und nicht umgekehrt,[24] denn nicht die Mannigfaltigkeit der Eindrücke schafft die Einheit, sondern das

Subjekt. Das Einheitsstreben ist – nach einer späteren Formulierung Kants – das Kennzeichen des „Ich denke", das all unsere Vorstellungen begleitet.[25] Für Descartes ist die Einheit der Wissenschaft obendrein eine Qualitätsgarantie. Seiner *Abhandlung über die Methode* hatte er ursprünglich den Titel gegeben: „Projekt einer Universalwissenschaft, die unsere Natur zu ihrer höchsten Vollkommenheit zu erheben vermag".

Die Einheit, die es als erste zu sichern gilt, ist die der Methode, wie wir schon bei Galilei festgestellt haben. Descartes schlägt eine ganz persönliche Lösung vor: Die Wissenschaft müsse das Werk eines einzigen Meisters sein, um Vollkommenheit zu erreichen, genauso wie die Verfassung der wahren Religion, die Gott allein angeordnet habe, unvergleichlich besser geregelt sein müsse als die aller übrigen.[26] An Ehrgeiz mangelt es Descartes nicht, und er ist nicht gerade realistisch: die ganze Wissenschaft das Werk eines einzigen? Gewiß, noch gibt es nicht die wissenschaftliche Gemeinschaft, und derjenige, der dem kartesianischen Projekt am nächsten kommt, Newton, arbeitet in größter Isolation. Doch die Idee ist heraus: Die Wissenschaft wird nur als eine einige existieren können, und eine einige kann sie nur sein, wenn sie das Werk einer Gemeinschaft ist, die sich in ihrem Projekt wiedererkennt. Newton hat hier die Kraftquelle der Wissenschaft klar vorweggenommen: Diesem menschlichen Unternehmen gelingt es, obwohl es durch die Hände und Köpfe unterschiedlichster Individuen geht, eine objektive und von allen anerkannte Information zu erzeugen. Durch welche Alchimie kann ein kollektives Wissen erzeugt werden, das zumindest in seiner Formulierung von den Individuen abstrahiert, die es hervorgebracht haben? Genau darum geht es bei der Objektivierung des wissenschaftlichen Diskurses. Descartes hat dafür eine einfache Erklärung: „Da andererseits die Vernunft in jedem Menschen ganz und gar eine und dieselbe ist, kann es da anders sein, als daß die Wissenschaft eine ist, so wie es auch nur einen menschlichen Geist gibt?"[27] Und so „eröffnet der Geist der Wahrheit dem

Philosophen den Schatz aller Wissenschaften in der Einheit der wunderbaren Wissenschaft, die ein einziges Wissen und einen einzigen Modus der Gewißheit umfaßt". Die Aufgabe, die Descartes sich stellt, wird folgendermaßen umrissen: „Dem maskierten Philosophen kommt die Aufgabe zu, die Wissenschaften zu demaskieren und sie mit ihren Schönheiten, ihrer Kontinuität und ihrer Einheit sichtbar zu machen." Auguste Comte wird diese Forderung nach geistiger Gemeinschaft später erneuern, wenn er sagt, die Wissenschaft entspreche dem Bedürfnis, die Verstandeskräfte aller zusammenzufassen.[28]

Isaac Newton, der Mann der großen Synthesen

Der Weg, den Kepler eröffnet hat und den Galilei weitergegangen ist (es müßten noch andere erwähnt werden, zum Beispiel Boyle und Hooke), mündet in die Newtonsche Revolution, die für viele als der eigentliche Gründungsakt der Physik gilt, gekennzeichnet von einem Willen zur Vereinheitlichung. Westphal zum Beispiel unterscheidet drei, ja sogar vier Aspekte an der Newtonschen Vereinheitlichung: Mathematik, Optik und Mechanik, denen er noch die Gravitation hinzufügt (obwohl man sie in die Mechanik einbeziehen kann).

Innerhalb von fünfzehn Jahren, von 1672 bis zum Erscheinen der *Principiae*, bewirkte Newton einen durchgreifenden Wandel in der Auffassung der Physik und der Welt, indem er die verschiedenen Weltsysteme, die bis dahin miteinander konkurrierten, auf ein einziges reduzierte. Ihm gelang erstmals die Synthese der mechanistischen Physik Descartes' und der von Gassendi vertretenen atomistischen Philosophie, zunächst für die Materie, danach für das Licht.

Ebenso gelang ihm die Synthese der verschiedenen Arten von Bewegung, die schon Kepler und Galilei in Angriff genommen hatten, aber erst in Newtons Theorien wurden die Arten von Bewegung richtig zusammengefaßt. Von der

Verschmelzung der geradlinigen und der kreisförmigen Bewegung war schon die Rede. Eigentlich ist es Aristoteles' Auffassung von der Bewegung, die in Stücke fliegt. Für Aristoteles bedeutet „sich bewegen" *bewegt werden*; jede Bewegung setzt also einen unmittelbaren Verursacher voraus. Bei Newton wird durch den Trägheitsbegriff eine Bewegung ohne Ursache denkbar. Aristoteles unterscheidet zwischen natürlicher und erzwungener Bewegung. Diese Unterscheidung, die nach Galilei verschwindet, wird von Newton formalisiert. Die Bewegung ist lediglich eine Ortsveränderung, ein Zustand, in dem sich ein Körper befindet, dem gegenüber er selbst aber vollkommen gleichgültig bleibt. Bei Aristoteles schloß die Bewegung dagegen eine ontologische Veränderung des bewegten Körpers ein, vergleichbar mit dem Wachstum eines Baumes. Was Newton entwickelt, ist am Ende eine richtiggehende Wissenschaft von der Bewegung, versehen mit einer strengen mathematischen Formulierung.

Schließlich vereinheitlicht Newton die Auffassung der Materie. Seither gilt, „daß die physische Natur aus einer einzigen gemeinsamen Materie besteht, die qualitativ neutral ist und sich nur unterscheidet hinsichtlich der Größe, der Form und der Bewegung der Teilchen, in welche sie zerfällt. Alle waren sich einig, daß das Programm der Naturphilosophie darin bestehe, zu zeigen, daß alle Naturphänomene das Ergebnis der wechselseitigen Wirkung der Materieteilchen sind, die durch direkten Kontakt aufeinander einwirken."[29]

Dies alles ist Inhalt des mechanistischen Programms, das sämtlichen Konzeptionen zugrunde liegt, die im 17. Jahrhundert formuliert werden. Vor Newton war Descartes einer seiner wichtigsten Urheber. Seine Theorie der Wirbel entsprach ihm vollkommen, erwies sich aber als unzureichend. Newton stellt sich entschieden gegen diese Theorie, verfolgt aber dennoch ein im großen und ganzen vergleichbares Programm, nur daß er die Möglichkeit einer Fernwirkung zwischen den Körpern vorsieht. Die aristotelische Naturphilosophie geht also im 17. Jahrhundert zu Ende, und an ihre Stelle tritt „eine neue Philosophie, deren maßgebende Analogie nicht mehr der Organismus war, sondern die Maschine".[30]

Die Vereinheitlichung der Materie liegt auch der neuen Chemie zugrunde. Eine aristotelische Chemie im strengen Sinne hatte es nie gegeben, aber Paracelsus hatte im 16. Jahrhundert vorgeschlagen, den vier Elementen des Aristoteles drei Prinzipien hinzuzufügen: das Salz, den Schwefel und das Quecksilber, angeblich fundamentale Kräfte der chemischen Erklärung";[31] doch handelte es sich eher um eine Lehre von der Substanz als um eine regelrechte chemische Theorie. Diese drei Prinzipien sollten dem Körper, der Seele und dem Geist entsprechen. Newton fühlte sich – und dies ist ein weiteres Paradox – lange von der Alchimie angezogen, die einem solchen animistischen Naturverständnis huldigte.

1661 wendet sich Robert Boyle gegen die Ideen von Aristoteles und Paracelsus und führt den Gedanken einer mechanistischen Chemie ein. Für ihn gibt es weder Elemente noch Prinzipien, sondern nur die qualitativ neutrale Materie der mechanistischen Philosophie, unterteilt in Teilchen, die sich nur durch Größe, Form und Bewegung unterscheiden. Deren vielfältige Kombinationen erzeugen die scheinbaren Substanzen, mit denen sich die Chemiker befassen. Ermöglicht durch die Idee, daß es nur eine Materie gibt, erblickt die Chemie das Licht der Welt. Indem Boyle sie von vornherein mechanisierte, „riß er die Schranken nieder, die sie von der übrigen Naturphilosophie trennten".[32]

Mit solchen Synthesen, Koordinationen und Vereinheitlichungen wurde die Physik begründet. Nach den monistischen Versuchen der Griechen und dem Modell des lebenden Organismus gilt nun ein neues Schema: das Universum als Maschine. Es läßt sich sehr gut mathematisieren und wird dadurch wenn nicht begreiflich, so doch praktikabel.

Das Gesicht des Universums wurde durch die Vereinheitlichung unkenntlich. „Sie verwandelte", wie Alexandre Koyré bemerkt hat, „unsere Welt der sinnlichen Qualitäten und Wahrnehmungen, die Welt, in der wir leben, lieben und ster-

ben, in eine andere Welt: die Welt der Quantität, der verding-
lichten Geometrie, eine Welt, in der zwar für alles Platz ist,
nicht aber für den Menschen."[33]

Anmerkungen

[1] Thomas von Aquin, *De Veritate*, I, 2.

[2] Vgl. J. Fourier, *Theorie analytique de la chaleur,* „Discours prélimi-
naire".

[3] Ebd.

[4] Vgl. J. Kepler, *Harmonices mundi (Weltharmonik);* nach A. Koestler, *Die
Nachtwandler,* S. 404.

[5] Kepler in einem Brief an Herwart; nach Koestler, *Die Nachtwandler,* S.
343.

[6] P. Thuillier, *La grande implosion,* S. 63.

[07] Auguste Comte drückt denselben Gedanken auf seine Weise aus:
keine Beobachtung ohne eine stillschweigende Theorie; ähnlich
sagt Gaston Bachelard: keine Erfahrung ohne vorherige Formulierung eines Problems.

[8] A. Cournot, *Considérations sur la marche des idées et des événements
dans les temps modernes,* S. 187.

[9] A. Koyré, *Etudes newtoniennes,* S. 129.

[10] J. Maritain, *Le Songe de Descartes.*

[11] Es ist allerdings die Frage, ob das Erkenntnisvermögen universelle
und unwandelbare Gesetze entdeckt oder ob es nur das Verhalten
und gleichsam die „Gewohnheiten" der Natur wahrnimmt. Die
Frage geht auf die Antike zurück, wird aber erst vom 18. Jahrhundert an nicht mehr auf das gewöhnliche Wissen, sondern auf die
wissenschaftliche Erkenntnis angewandt. Bertrand Saint Sernin
verknüpft sie mit der deutschen Genieproblematik des 18. Jahrhunderts. „Wenn die Natur tatsächlich wie ein Künstler vorgeht,
garantiert nichts, daß ihre Hervorbringungen Regeln gehorchen
werden, die im Zeitablauf unwandelbar sind. Warum sollte sie nicht
ihre Gewohnheiten ändern? Warum sollte sie nicht ihre Epochen,
ihre Moden, ihre Stile haben? Warum sollte sie nicht auf andere
Ideen kommen? In diesem Fall bestünde die Aufgabe der Vernunft
darin, ihr zu lauschen, ihre Stimme wahrzunehmen, ihre Intentio-
nen und Stimmungsschwankungen zu erahnen. [...] Wenn die
erzeugende Natur (Natura naturans) eine künstlerische Macht ist,
sind ihre Gesetze ‚kontingent', und die Vernunft hat keine eigene
Zuständigkeit mehr; sie muß bis ins Innerste ihres Wesens den
willkürlichen Schöpfer der Natur akzeptieren und feiern, sich damit

abfinden, eine Welt zu bewohnen, die wie die des Heraklit ‚jeden Tag neu' ist." (B. Saint Sernin, *La Raison au XXe siècle*, S. 195)

[12] R. Westphal, *Newton*.

[13] Auch wenn es Behauptungen von ihm gibt, die diesen bahnbrechenden Vorstellungen zu widersprechen scheinen (vgl. z. B. „Attitude estéthique et pensée scientifique", in A. Koyré, *Études d'histoire de la pensée scientifique*).

[14] Galileo Galilei, *Sidereus nuncius*; zitiert nach A. Koestler, *Die Nachtwandler*, S. 370.

[15] Galileo Galilei, *Dialogo sopra i due massimi sistemi del mondo (Dialog über die beiden größten Weltsysteme)*; vgl. auch A. Koestler, *Die Nachtwandler*, S. 483.

[16] Heute wissen wir, daß diese Sterne nicht wirklich neu sind. Es sind Novae oder Supernovae, bereits existierende Sterne, die zu lichtschwach waren, um sichtbar zu sein, und durch eine gewaltige Explosion plötzlich enorm an Leuchtkraft gewinnen.

[17] Außerdem beruht es auf der Isotropie des Raumes, also auf der Identität aller Richtungen.

[18] Heraklit verdanken wir die folgende treffende Bemerkung: „Die Wachenden haben eine gemeinsame Welt, *doch im Schlummer wendet sich jeder von dieser ab an seine eigene.*" Fragment 89; in Diels (Hrsg.), *Die Vorsokratiker*.

[19] J. Desmarets und D. Lambert, *Le principe anthropique*.

[20] Ähnliche Berechnungen hatte unabhängig von ihm einige Jahre vorher der sowjetische Mathematiker Alexander Friedman vorgetragen. Aber er blieb eher auf mathematischer Ebene und fand mit seinen Arbeiten kein Gehör.

[21] Siehe dazu M. Lachièze-Rey und E. Gunzig, *Le rayonnement cosmologique*.

[22] J. Maritain, *Le Songe de Descartes*.

[23] R. Descartes, *Regeln zur Ausrichtung der Erkenntniskraft* (Regel I), S. 3.

[24] J. Maritain, *Le Songe de Descartes*.

[25] Vgl. I. Kant, *Kritik der reinen Vernunft*, B 131/B 132.

[26] Vgl. R. Descartes, *Abhandlung über die Methode (Discours de la methode)*, 2. Kap., S. 12 und 13.

[27] J. Maritain, *Le Songe de Descartes*.

[28] A. Comte, *Cours de philosophie positive*, vol. 3.

[29] R. Westphal, *Newton*.

[30] Ebd.

[31] Ebd.

[32] Ebd.

[33] A. Koyré, *Études newtoniennes*, S. 42 f.

3 Die Geschichte der Physik – eine Abfolge von Vereinheitlichungen?

Die Welt ist ein komplizierter Ort.

Steven Weinberg, Der Traum von der Einheit des Universums

Die Suche nach der Einheit

Bestimmend für die Entstehung der Physik war das Streben nach Einheit. Sie ist, wie die Geschichte dieses Faches zeigt, ein ständiges Motiv der Physiker geblieben. Mag die Einheit auch nur eine Einbildung sein, so hat sie doch jahrhundertelang die Forschung befruchtet und mehr als einmal ihre Nützlichkeit bewiesen. Anhand der nachfolgenden Beispiele wird man den gegenwärtigen Stand der Physik besser beurteilen können.

Die Entstehung der Physik stellt sich dar als eine Ansammlung von Vereinheitlichungen: die Newtonsche Synthese des Atomismus und des Mathematismus; die Vereinheitlichung des Raumes, auf der der Begriff des Universums fußt; die Verschmelzung von Astronomie und Physik; die vereinheitlichte Auffassung der Materie ebenso wie der verschiedenen Formen von Bewegung. Auch spätere Etappen der Geschichte der Physik kann man als gelungene Vereinheitlichungen deuten.

In der zweiten Hälfte des 19. Jahrhunderts faßt zum Beispiel James Clerk Maxwell die Prinzipien der Elektrizität und des Magnetismus in einer Theorie zusammen, dem Elektromagnetismus. Außerdem klärte er, daß das Licht aus elektromagnetischen Strahlen besteht. Anfang des 20. Jahrhunderts bringen die spezielle und allgemeine Relativitätstheorie einige Vereinheitlichungen mit sich: die des Elektromagnetismus zunächst mit der Kinematik, dann mit der Dynamik, die Vereinigung des Raums und der Zeit und die Annäherung zwischen der Materie und der Strahlung, die wiederum durch die Gravitation mit der Raumzeit vermengt sind.

Ebenfalls im 20. Jahrhundert bietet die Quantenphysik eine gemeinsame Sicht der Materie und der Strahlung, der Teilchen und der Wellen. Dann integriert die Quantenfeldtheorie Quantenmechanik und spezielle Relativitätstheorie und erlaubt deren Synthese dadurch, daß sie die Materie und deren Wechselwirkungen in gleicher Weise betrachtet. Dieser Rahmen ermöglicht dann in der zweiten Jahrhunderthälfte neue Vereinheitlichungen, für die die elektroschwache Theorie der beste Prototyp ist.

Die moderne Kosmologie ist, unter dem Vorbehalt einer gewissen Unklarheit ihrer erkenntnistheoretischen Stellung, ihrer Natur nach vereinheitlichend, weil sie das Universum in seiner Gesamtheit betrachtet. Sie schließt daher alle Zweige der Physik ein.

Licht und Elektromagnetismus

Seit dem Altertum gibt es bezüglich des Lichts wie der Materie einen Streit zwischen der Wellen- und der Teilchenkonzeption. Descartes, der die Gesetze der Reflexion und der Brechung als erster präzise formuliert, sieht das Licht als eine Ausbreitung kleiner Teilchen. Newton folgt ihm darin, obwohl er die (harmonische) Spektralzerlegung des Lichts entdeckt hat.

Christiaan Huygens (1629 – 1695) dagegen vergleicht die Ausbreitung des Lichts bereits mit der Ausbreitung der Wellen, die man auf der Wasseroberfläche beobachten kann.[1] Die Frage ist nur: Welches Medium erfüllt für das Licht die Funktion des Wassers? Das blieb ungeklärt, doch erklärte Huygens auf diese Weise die Phänomene der Reflexion und der Brechung und sogar die von Bartholin entdeckte doppelte Brechung. Das Wellenmodell wurde im 19. Jahrhundert bestätigt. Der englische Physiker Thomas Young (1773 – 1829) beobachtet im Jahre 1801 Interferenzerscheinungen, Malus (1775 – 1812) entdeckt 1808 die Polarisation des Lichts. Einige Jahre später vervollständigt der französische Physiker Augustin

Fresnel (1788 – 1827) diese Experimente und deutet sie richtig im Rahmen des Wellenmodells, das seither als einziges alle beobachteten Phänomene zu erklären vermag. Die Wellennatur des Lichts wird von Fresnel und nach seinem Tod von anderen durch zahlreiche Experimente bestätigt; so stellen Fizeau und Foucault 1850 fest, daß die Lichtgeschwindigkeit im Wasser geringer ist als im Vakuum.[2] In jenem Jahr wurde die Teilchenkonzeption des Lichts aufgegeben.

Doch Anfang des 20. Jahrhunderts wurde die Wellentheorie des Lichts in Frage gestellt, nachdem Heinrich Hertz 1887 den photoelektrischen Effekt entdeckt hatte. Das war nämlich, wie Albert Einstein gezeigt hat, mit Wellen nicht zu erklären. Bald darauf verlangte die Entdeckung des Compton-Effekts ebenfalls nach einer Teilchen-Interpretation; es handelte sich um Stöße zwischen den Lichtteilchen, den Photonen, und den Elektronen. Aber mußte das Licht nicht bei all diesen verschiedenen Experimenten dasselbe sein? Weder das Wellenbild noch das Teilchenbild konnte, für sich genommen, all diese Aspekte auf einen Nenner bringen – dazu bedurfte es eines neuen Bildes. Mußte man annehmen, wie es zum Beispiel Louis de Broglie erklärte, daß „der Wellenaspekt des Lichts und sein Teilchenaspekt gewissermaßen zwei komplementäre Aspekte einer und derselben Realität sind"?[3] Die Quantenphysik, auf die wir noch näher eingehen, bot eine einheitliche Konzeption an, die diese Komplementarität erklärte.

Als Hans Christian Ørsted (1777 – 1851), Physikprofessor an der Universität Kopenhagen, 1820 seine Beobachtung mitteilte, daß ein stromdurchflossener Draht eine in der Nähe angebrachte Magnetnadel ausschlagen ließ, ahnte er wohl nicht, daß er damit dem Elektromagnetismus den Weg bahnte, der zu einem der Pfeiler der Physik des 19. Jahrhunderts werden sollte. Gewiß, man vermutete bereits, daß zwischen den elektrischen und magnetischen Phänomenen eine Verwandtschaft bestand, schon weil bekannt war, daß ein Gewitter, dessen elektrische Natur von Benjamin Franklin bewiesen worden war, einen Kompaß in seiner Funktion zu stören vermochte; doch eine strenge, reproduzierbare Messung eines solchen Einflusses gab es bis dahin nicht.

Anfang des 19. Jahrhunderts bestand das Theoriegebäude dieses Zweiges der Physik aus zwei getrennten Pfeilern, der Elektrostatik und der Magnetostatik. Die Elektrostatik beschrieb die Wechselwirkungen zwischen elektrisch geladenen Körpern, die Magnetostatik jene zwischen magnetisierten Körpern. Die beiden Bereiche wiesen durchaus Ähnlichkeiten auf, zum Beispiel die Eigenschaft der Untersuchungsobjekte, sich gegenseitig anzuziehen oder abzustoßen, aber sie schienen sich auf Phänomene unterschiedlicher Natur zu beziehen: Ein Magnet und ein elektrisierter Körper ziehen sich nicht gegenseitig an; ein elektrisierter Körper ist entweder positiv oder negativ geladen, während ein Magnet immer zwei untrennbare Pole besitzt, auch wenn man ihn entzweischlägt.

André-Marie Ampère (1775–1836) gab eine Woche nach deren Bekanntwerden die Erklärung für Ørsteds Beobachtung. Er wählte als einfaches Objekt den stromdurchflossenen Leitungsdraht (genauer: einen Bruchteil davon) und reduzierte das Problem des Magnetismus auf das der Wechselwirkung zwischen stromführenden Drähten. Wenn ein Draht auf einen Magneten einwirken kann, dann deshalb, weil ein Magnet letztlich nichts anderes ist als eine Vielzahl einfacher Stromkreise. Ampère fand damit den Schlüssel zu allen beobachteten magnetischen Phänomenen und verwies auf den gemeinsamen Ursprung der magnetischen und elektrischen Erscheinungen: Der Magnetismus resultiert einfach aus dem Vorhandensein elektrischer Ströme, also aus Ortsveränderungen elektrischer Ladungen.

Das Verständnis des Zusammenhangs zwischen Elektrizität und Magnetismus wurde gestärkt durch die Arbeiten von Michael Faraday (1791–1867). Von Ørsteds Experiment fasziniert, ruhte er nicht, bis er den umgekehrten Effekt nachgewiesen hatte, also die Induktion eines elektrischen Stroms in einem Leitungsdraht durch einen Magneten. Das gelang ihm 1831 mit der Entdeckung, daß der Effekt nur entsteht, wenn der Magnet gegen den Draht bewegt wird (elektromagnetische Induktion).

Faraday ließ eine alte physikalische Debatte wiederaufleben, die Frage der unmittelbaren Fernwirkung. Die Vorstellung, daß die Wechselwirkung zwischen zwei Körpern nur von ihrer jeweiligen Natur und dem Abstand zwischen ihnen, nicht aber von dem Medium abhängt, das sie trennt, verstößt gegen den gesunden Menschenverstand, weil sie nichts über die Art und Weise sagt, wie die Wechselwirkung sich vom einen zum anderen fortpflanzt. Beispiele für diese Fernwirkung sind Newtons Gravitation ebenso wie die Elektrostatik von Coulomb-Poisson und die von Ampère nachgeprüfte Magnetostatik. Faraday glaubte darüber hinaus an eine „allmähliche" Ausbreitung. Gestützt wurde diese Vorstellung von einer Erfahrungstatsache, zu deren Erklärung er beitrug: Die Ladungsmengen, die sich an der Oberfläche von zwei Leitern sammeln, welche einander zugeordnet und durch ein dielektrisches Medium, also einen Isolator, getrennt sind, hängen nicht nur von dem Abstand zwischen den beiden Leitern ab, sondern auch von der Art des Mediums zwischen ihnen.

Doch Faraday war mathematisch nicht sonderlich bewandert und konnte seine Intuition nicht streng formalisieren. Diese Aufgabe erfüllte William Thomson und vor allem James Clerk Maxwell (1831–1879). Um den Einfluß, den das Vorhandensein von ruhenden oder bewegten elektrischen Ladungen im umgebenden Raum ausübt, zu beschreiben, präzisierte der letztere die Begriffe des elektrischen und des magnetischen Feldes, die den „elektromagnetischen Zu-stand" eines beliebigen Punktes im Raum charakterisieren. Gestützt auf den mathematischen Formalismus, mit dem die allmähliche Ausbreitung von Effekten beschrieben werden kann, nämlich den der Gleichungen mit partiellen Ableitungen (die Joseph Fourier zu Anfang des Jahrhunderts benutzt hatte, um die Ausbreitung der Wärme zu beschreiben), modernisierte und vervollständigte er die früheren Gesetze des Elektromagnetismus. 1864 erhielt er neun fundamentale Gleichungen (die seither auf vier reduziert werden konnten). Mit dieser sehr eleganten Theorie konnte – ein wesentliches Resultat – die Ausbreitungsgeschwindigkeit der elektrischen und magnetischen Phänomene berechnet werden. Maxwell konnte aus seinen Gleichungen nämlich herleiten, daß diese Ausbreitungsgeschwindigkeit derjenigen eines scheinbar ganz andersartigen Phänomens glich, der des Lichts.[4] Er tat aber nicht den letzten Schritt, das Licht mit einer elektromagnetischen Welle gleichzusetzen. Er beließ es bei der Schlußfolgerung, daß die Ausbreitung sowohl der elektromagnetischen Phänomene als auch des Lichts auf der Schwingung eines und desselben geheimnisvollen Mediums beruht, von dem Maxwell bei der Aufstellung seiner Gleichungen reichlich Gebrauch gemacht hatte, des Äthers, der so fein war, daß er sich der Beobachtung entzog.

Es war Heinrich Hertz (1857–1894), ein Schüler von Hermann von Helmholtz, einem der größten Physiker der Epoche, der den Triumph der Maxwellschen Theorie vollendete. Zunächst befreite er sie von ihren anfechtbaren mechanischen Grundlagen und entfernte aus ihr den Äther, um nur die elektrischen und magnetischen Felder beizubehalten, die damit von bloßen rechnerischen Zwischengliedern zu physikalischen Hauptgegenständen aufrückten. Anschließend unterzog er die fundamentale Vorhersage der Maxwellschen Theorie, daß die elektromagnetischen Wellen sich mit der Geschwindigkeit des Lichts ausbreiten, einer experimentellen Überprüfung. Mit einer von ihm erdachten elektrischen Vorrichtung erzeugte er 1887 elektromagnetische Wellen von großer Wellenlänge, die Hertzschen Wellen, deren Ausbreitungsgeschwindigkeit er messen konnte, mit dem Ergebnis, daß sie mit der des Lichts übereinstimmte. Mit dem experimentellen Nachweis, daß diese Wellen genau wie das Licht reflektiert und gebrochen werden können, war klar, daß zwischen beiden kein Unterschied bestand: Die elektromagnetische Natur des Lichts war bewiesen, was die Maxwellschen Gleichungen in einem neuen Licht erscheinen ließ.[5] Mit Hilfe von vier relativ einfachen Gleichungen wurden nicht nur Elektrizität und Magnetismus vereinigt, sondern es wurde auch die gesamte Optik auf den so geschaffenen neuen Zweig zurückgeführt. In der ganzen Geschichte der Physik war es bis dahin nicht gelungen, eine solche Vielfalt von Erscheinungen mit einer so begrenzten Menge von Gesetzen zu erklären.

Alle Strahlungen sind, wie groß ihre Wellenlänge auch sein mag, unter einer Theorie vereint. Was noch aussteht, ist die Synthese dieser Vision mit jener der Materie. Erste Annäherungen schafft die spezielle Relativitätstheorie, doch erst mit der Quantenphysik können Materie und Strahlung durch eine gemeinsame Theorie beschrieben werden.

Die relativistischen Vereinheitlichungen

Die spezielle Relativität

Die Physik des 19. Jahrhunderts beruhte auf der Newtonschen Mechanik, also auf der Wissenschaft von der Bewegung der sogenannten materiellen Objekte, und dem Elektromagnetismus, der Wissenschaft vom Licht und allen übrigen elektromagnetischen Erscheinungen. Diese beiden Theorien schienen in ihrem jeweiligen Bereich gleichermaßen exakt zu sein, und doch stellte man bald fest, daß sie einander widersprachen.

Die Mechanik beruht gänzlich auf dem Relativitätsprinzip, das nicht, wie überwiegend vermutet wird, erstmals von Albert Einstein, sondern um das Jahr 1600 von Galilei aufgestellt wurde. Diesem Prinzip zufolge spielen sich die Dinge in einem Flugzeug, das mit Reisegeschwindigkeit fliegt – Galilei sprach damals von einem Schiff –, genauso ab wie am Boden, im Stillstand: Würde zum Beispiel einer Stewardess ein Glas Wasser entgleiten, so fiele es im „Galileischen Bezugssystem", den das Flugzeug darstellt, genauso, wie wenn der Vorfall sich in einem Restaurant abspielte. Durch kein physikalisches Experiment läßt sich ermitteln, ob man sich in dem Flugzeug im Flug befindet oder im Stillstand am

Boden, jedenfalls solange die Maschine mit konstanter Geschwindigkeit geradeaus fliegt. Die Bewegung des Flugzeugs beziehungsweise des Schiffes ist, wie Galilei sagte, „quasi null" – sie zählt nicht, weil man sie nicht spürt.

Was folgt aus diesem Relativitätsprinzip? In einem Flugzeug sind die sitzenden Passagiere unbeweglich bezüglich der Wände der Maschine, aber in Bewegung bezüglich der Erde, die ihrerseits in Bewegung bezüglich der Sonne ist, die wiederum eine gewisse Bewegung innerhalb unserer Galaxie ausführt, die ebenfalls nicht unbeweglich ist. Kurz, das Relativitätsprinzip besagt, daß es nichts gibt, was absolut unbeweglich ist.

Die Theorie des Elektromagnetismus, in ihrer klassischen Version in den 50er Jahren des 19. Jahrhunderts von James Clerk Maxwell formuliert, beschreibt das Licht als aus Wellen bestehend. Für einen Physiker des 19. Jahrhunderts ist eine Welle ein Phänomen, das vorwärtskommt, indem es etwas von dem Medium, in dem es sich ausbreitet, schwingen läßt. Im Fall einer Woge, die den Archetyp eines Wellenphänomens darstellt, ist es das Wasser – oder genauer: die Wasseroberfläche –, was schwingt. Für den Schall ist es die Luft (deshalb breitet sich der Schall im Vakuum nicht aus). Was im Falle des Lichts schwingt, ist, so glaubte man im 19. Jahrhundert, der „Äther".

Man muß sich vorstellen, sagt Maxwell, daß die Welt bis in den letzten Winkel von einem Medium erfüllt ist, dem Äther, dessen Existenz für die Ausbreitung des Lichts notwendig ist. Woraus besteht dieser Äther? Womit hat er Ähnlichkeit? Mit Wasser, mit Luft, mit Glas? Ist er schwer, fest, flüssig, elastisch? Maxwells Theorie gibt einige Antworten, die aber eher vage sind: Der Äther ist „ohne Zweifel" farblos, „wahrscheinlich" gewichtslos… Tatsächlich wurde der Äther von den Physikern mit der Zeit aller physikalischen Eigenschaften entkleidet, die ihm traditionell zugeschrieben wurden, bis nur noch ein Merkmal übrigblieb: eine absolute Unbeweglichkeit, die vollständig dem Relativitätsprinzip widersprach.

Daher rührt das Dilemma: Entweder man nimmt, ganz im Einklang mit der Erfahrung, Maxwells Theorie ernst – dann muß man annehmen, daß das Licht sich in einem absolut unbeweglichen Äther ausbreitet, womit man aber das Relativitätsprinzip aufgibt und der Mechanik den Todesstoß versetzt. Oder man nimmt das Relativitätsprinzip ernst – aber das heißt, den Äther aufzugeben. Worin breitet sich dann aber das Licht aus?

Den Widerspruch hebt Einstein (1879–1955) in seinem Artikel vom Juni 1905 auf, der die Grundlagen der Relativitätstheorie im modernen Wortsinne beschreibt. Zunächst verkündet er den Tod des Äthers. Licht wird nicht dadurch erzeugt, daß ein Medium in Erschütterungen versetzt wird – es breitet sich im Vakuum aus. Einstein erhebt eine der implizit in Maxwells Theorie enthaltenen Schlußfolgerungen zum Prinzip: Welches auch die Bewegung dessen sei, der es beobachtet – das Licht muß sich immer mit derselben Geschwindigkeit ausbreiten, die 300 000 km/s entspricht. Nähert sich mir ein Auto mit aufgeblendeten Scheinwerfern, so breitet sich das von ihm ausgesandte Licht in bezug auf mich mit derselben Geschwindigkeit aus, wie wenn dieses Auto stünde. Das von Galilei aufgestellte klassische Gesetz der Addition der Geschwindigkeiten gilt also nicht für das Licht: Die Geschwindigkeit des Lichts in bezug auf mich ist nicht gleich der Geschwindigkeit des Lichts in bezug auf das Auto zuzüglich der Geschwindigkeit des Autos in bezug auf mich. Einsteins Relativitätstheorie modifiziert das Gesetz der Addition der Geschwindigkeiten insofern, als es die Invarianz der Lichtgeschwindigkeit in allen Galileischen Bezugssystemen (das sind solche Bezugssysteme, die sich in bezug aufeinander in geradliniger und gleichförmiger Translation befinden) postuliert.

Der Äther verletzte das Relativitätsprinzip, demzufolge es nichts absolut Unbewegliches gibt. Verschwindet der Äther, so kann man dieses Relativitätsprinzip beibehalten. Nimmt man noch das Prinzip hinzu, daß das Licht sich (unabhängig von der Bewegung des Beobachters) stets mit der Geschwindigkeit c ausbreitet, so stellt man die Physik auf neue Grundlagen. Das tat Einstein.

Für diese neue Physik muß anstelle der bisher getrennten Begriffe des Raums und der Zeit der revolutionäre Begriff der Raumzeit, auch „Raum-Zeit" genannt, eingeführt werden. Der Bindestrich zeigt an, was die Relativitätstheorie mit Größen macht, die unter allen Umständen unentwirrbar sind. Es bedeutet, daß weder Längen noch Zeiten absolute, also vom jeweiligen Bezugssystem unabhängige Größen sind.

Um zu schauen, was passiert, denken wir uns zwei Galileische Bezugssysteme R und R'. Die Koordinaten eines Ereignisses in R sind vom Typ (x, y, z, t), wobei die ersten drei den Ort angeben, während die vierte den Zeitpunkt angibt, an dem ein Ereignis stattfindet. Die Koordinaten dieses Ereignisses in R' sind (x', y', z', t').

Nehmen wir an, die Translationsbewegung von R' in bezug auf R vollziehe sich längs der Achse Ox, und nennen wir ihre Geschwindigkeit v. Die Koordinaten eines Ereignisses in R' erhält man, ausgehend von den Koordinaten dieses Ereignisses in R, durch eine *Lorentz-Transformation*, deren Ausdruck folgendermaßen lautet:

$x' = \gamma(x - \beta ct)$

$y' = y$

$z' = z$

$t' = \gamma(t - \beta x/c)$

In diesen Formeln ist β gleich dem Verhältnis v/c und γ gleich $1/(1 - \beta^2)^{1/2}$.

Da die Lichtgeschwindigkeit als Grenzgeschwindigkeit unüberschreitbar ist, kann β nicht größer als 1 sein. Der Faktor γ ist immer größer als 1.

Betrachten wir zunächst zwei gleichzeitige Ereignisse in R, die also zum selben Zeitpunkt t stattfinden. Ihre Koordinaten in R sind (x_1, y_1, z_1, t) beziehungsweise (x_2, y_2, z_2, t). Sind sie auch in R' gleichzeitig? Die Zeitpunkte t'_1 und t'_2, zu denen sie in R' stattfinden, sind gegeben durch:

$t'_1 = \gamma(t - \beta x_1/c)$

$t'_2 = \gamma(t - \beta x_2/c)$

Wenn x_1 von x_2 verschieden ist, sind t'_1 und t'_2 offensichtlich nicht gleich. Zwei Ereignisse, die in R gleichzeitig sind, sind es in R' nicht! Gleichzeitigkeit ist also kein absoluter Begriff (wie er es in der Newtonschen Physik war). Das ist eine der wichtigen Lehren der Relativitätstheorie.

Im übrigen sieht man anhand der oben gegebenen Formeln unschwer, daß die Länge eines auf der Achse OO' angelegten Lineals nicht invariant ist, wenn man von einer Messung in R zu einer Messung in R' übergeht. Desgleichen läßt sich zeigen, daß auch das Intervall zwischen zwei Ereignissen vom Bezugssystem abhängt, in dem es berechnet wird.

Betrachten wir nun, was mit dem Raumzeit-Intervall Δs geschieht, das zwischen zwei Ereignissen liegt, die mit den Indizes 1 und 2 gekennzeichnet sind. Es ist definiert durch:

$(\Delta s)^2 = (x_2 - x_1)^2 + (y_2 - y_1)^2 + (z_2 - z_1)^2 - c^2(t_2 - t_1)^2$

In R' ist das Raumzeit-Intervall gegeben durch

$(\Delta s')^2 = (x'_2 - x'_1)^2 + (y'_2 - y'_1)^2 + (z'_2 - z'_1)^2 - c^2(t'_2 - t'_1)^2$

Wenn wir die Ausdrücke der Lorentz-Transformation nehmen, die x'_1 bei Einsetzen von x_1 und t_1 ergeben, x'_2 bei Einsetzen von x_2 und t_2, t'_1 bei Einsetzen von t_1 und x_1 ergeben usw., läßt sich leicht zeigen, daß $(\Delta s)^2$ gleich $(\Delta s')^2$ ist. Dies ist ein äußerst wichtiges Resultat. Es bedeutet, daß das Raumzeit-Intervall zwischen zwei Ereignissen vom Galileischen Bezugssystem, in dem es berechnet wird, unabhängig ist. Man sagt, Δs sei eine *Lorentz-Invariante*.

Es wurde oft darauf hingewiesen, daß die Relativitätstheorie einen falschen Namen trage und eigentlich eine *Theorie der Invarianten* sei. Sie sucht nach dem, was sich in der Natur nicht ändert, gleichgültig, welchen Standpunkt der Beobachter einnimmt. Insofern ist sie eine strukturell vereinheitlichende Theorie.

Mit der Invarianz des Raumzeit-Intervalls läßt sich erklären, warum eine Uhr, die in bezug auf einen Beobachter bewegt wird, stets langsamer tickt als eine Uhr in Ruhe: Je mehr ihre Geschwindigkeit sich der des Lichts nähert, desto mehr verlangsamt sich ihr Gang. Diesen perspektivischen Effekt in der Raumzeit nennt man „Zeitdilatation".

Am 27. September 1905 schickt Einstein dem Verlag ein Postskriptum zu seinem Artikel vom Juni. Darin beweist er die Formel, auf die man sein Genie und die gesamte Relativitätstheorie oft zu reduzieren neigt: $E = mc^2$. Sie macht sichtbar, daß der Energieinhalt eines Körpers an seine Masse gebunden ist: Auch im Ruhezustand hat ein Körper eine interne Energie, die der in ihm enthaltenen Materiemenge direkt proportional ist. Ruhmasse und interne Energie sind somit äquivalente Größen. Verglichen mit den uns vertrauten Größenordnungen, ist die Äquivalenz jedoch ungeheuer: Ein Stück Butter von einem halben Pfund (oder ein beliebiges Objekt von gleicher Masse) entspricht einer Gesamtenergie von $2{,}25 \cdot 10^{16}$ Joule! Man braucht nur diese gigantische Zahl zu sehen und sie mit den 0,125 Joule zu vergleichen, welche das nämliche Stück Butter an kinetischer Energie besitzt, wenn es mit einer Geschwindigkeit von einem Meter pro Sekunde fällt, und man begreift sofort, warum erst im Jahr 1905 die Äquivalenz von Masse und Energie entdeckt wurde. Der Energieinhalt eines Stückchens gewöhnlicher Materie ist so riesig, daß die Änderungen seiner Energie, die man ihm beispielsweise durch eine Beschleunigung zufügen kann, im Vergleich zu seiner Gesamtenergie winzig sind.

Eine der Folgen der Einstein-Formel ist, daß Masse in andere Energieformen umgewandelt werden kann. Genau das geschieht bei Kernreaktionen. Umgekehrt kann kinetische (an die Bewegung eines Körpers gebundene) Energie sich in Masse umwandeln, sich also in Gestalt massereicher Teilchen materialisieren.

Die spezielle Relativität wurde ausdrücklich mit dem Ziel der Vereinheitlichung eingeführt. Der Elektromagnetismus war gekennzeichnet durch eine endliche Ausbreitungsgeschwindigkeit c, die des Lichts, die unter allen Umständen invariant erschien. In der Newtonschen Beschreibung waren die mit der Materie verbundenen kinematischen oder dynamischen Erscheinungen dagegen gekennzeichnet durch Gesetze der Addition der Geschwindigkeiten, die theoretisch zu Geschwindigkeiten führen konnten, die über der des Lichts lagen und nicht die Invarianz der Lichtgeschwindigkeit garantierten. Innerhalb ihres Bereichs, dem der Dynamik der Materie, war diese Konzeption völlig befriedigend; keine experimentelle Tatsache stellte sie in Frage. Der Widerspruch entstand nur durch den theoretischen Wunsch nach einer gemeinsamen und vereinheitlichten Sicht des Elektromagnetismus und der materiellen Kinematik. Man kann daher sagen, die Relativitätstheorie sei eher ein Kind der Theorie als der Erfahrung.

Aufgelöst wird dieser Widerspruch durch die von Einstein vorgeschlagene *spezielle Relativitätstheorie* (die frühere Arbeiten von Lorentz und Poincaré verwertete).[6] Letztlich sind Raum, Zeit und Kinematik für die materiellen Körper und ihre Dynamik dieselben wie für die Optik und den Elektromagnetismus. Überall gelten dieselben raumzeitlichen Symmetrien.

Der vereinheitlichende Charakter der Relativität ging noch darüber hinaus und erlaubte, wie wir gesehen haben, nach den Arbeiten von Hermann Minkowski eine Synthese der Raum- und Zeitbegriffe im einheitlichen Raumzeit-Begriff. Der speziellen Relativitätstheorie zufolge können zahlreiche Aspekte der Kinematik und Optik als Resultat geometrischer Invarianzen aufgefaßt werden. Es geht um Invarianzen in der Raumzeit, die die Invarianzen bezüglich Rotationen oder Translationen im gewöhnlichen Raum auf vier Dimensionen verallgemeinern. Auf die Raumzeit übertragen, werden aus diesen Rotationen Lorentz-Transformationen.

Die allgemeine Relativität

Die spezielle Relativität hatte den absoluten Raum und die absolute Zeit zerstört und im euklidischen Minkowski-Raum eine Mechanik rekonstruiert, die unabhängig vom Beobachtungsstandpunkt auf der Invarianz der Lichtgeschwindigkeit *c* und auf der absoluten Geschwindigkeitsgrenze beruhte, die diese fundamentale Konstante der Physik darstellte. Nun basierte die Newtonsche Mechanik gänzlich auf einer nicht direkt verifizierbaren Hypothese: Der Effekt der Gravitation zwischen zwei Körpern A und B, der sich in einer gegenseitigen Anziehung äußert und in Newtons Gesetz formuliert ist, breitete sich augenblicklich im Raum aus. Änderte A seine Form (zum Beispiel von einer Kugel zu einer Scheibe) oder änderte sich der Abstand zwischen A und B, so wurde B unverzüglich davon „informiert", auch wenn A und B mehrere Lichtminuten voneinander entfernt waren (wie es zwischen Sonne und Erde der Fall ist). Hier lag ein ernster Reibungspunkt mit der neuen Theorie. Zehn Jahre lang versuchte Einstein vergebens, ihn auszuräumen, bis er sich 1915 genötigt sah, mit dem Gravitationsbegriff, wie ihn Newton und seine Nachfolger verstanden hatten, zu brechen und die *allgemeine Relativitätstheorie* einzuführen, deren Bezeichnung andeutete, daß sie bereit war, die in der vorhergegangenen Relativitätstheorie entwickelten Ideen auf die Gravitation zu verallgemeinern. In Wahrheit ist die allgemeine Relativitätstheorie eine neue Gravitationstheorie. Andere Theorien, die seither entwickelt wurden, können sehr präzisen Überprüfungen unterzogen werden, bislang noch ohne Erfolg; sie gehen jedoch alle von dem revolutionären Ansatz Einsteins aus, und die Messungen zeigen, daß ihre Abweichungen von ihm nur sehr gering sein können.

Der deutsche Mathematiker Bernhard Riemann (1826 – 1866), damals 28 Jahre alt, entwickelte 1854 im Anschluß an den Russen Nikolai Lobatschewskij eine Theorie von Räumen, deren Geometrie von der unseres vertrauten Raumes abweicht. Er deutete in einer allerdings noch vorläufigen Form an, daß die Gravitation keine „wahre" Kraft sein könne, sondern eine örtliche Manifestation jener Eigenschaft des Raumes sein müsse, die sich in seiner Krümmung äußert. Einstein gibt dieser Idee dann ihre durchschlagende Formulierung: Die Geometrie der Raumzeit, die in der speziellen Relativitätstheorie flach ist, hängt nun von den Massen ab, welche die Raumzeit enthält, und diese Geometrie bestimmt ihrerseits die Bewegung der Massen. Die Bewegung der Erde oder der anderen Planeten resultiert nicht mehr aus der unmittelbaren Wirkung der Newtonschen Kraft; die Trajektorie dieser Objekte wird vielmehr gelenkt von einer „Rinne" der Raumzeit, die von der massiven Präsenz der Sonne erzeugt wird. Der amerikanische Physiker John Wheeler hat es auf die schöne Formel gebracht: „Die Geometrie befiehlt der Materie, wie sie sich bewegen soll, aber die Masse schreibt wiederum der Geometrie die Krümmung vor."[7]

Die Dinge in dieser Weise zu benennen wäre möglicherweise ein interessanter, aber folgenloser Standpunkt geblieben, hätte es nicht zwei wichtige Tests gegeben; der erste machte Einstein berühmt, und der zweite klärte eine Frage, die den Astronomen seit langem zu schaffen machte. Beim ersten geht es um die Wirkung eines massereichen Himmelskörpers A auf Licht, das nah an ihm vorbeiläuft. Newton, für den das Licht Teilchencharakter besaß, hatte angedeutet, es folge einer Bahn, die durch die Gravitation von A abgelenkt werde, wobei die Ablenkung mit jener identisch wäre, die ein beliebiges Geschoß unabhängig von seiner Masse erführe. Doch die sehr schwierige Überprüfung war bisher nicht erfolgt, und dies hatte auch noch niemand probiert. Einsteins neue Theorie sagte eine Ablenkung voraus, die doppelt so groß war wie die von der klassischen Theorie vorhergesagte, und bei der Beobachtung der totalen Sonnenfinsternis von 1919 bestätigte der Astronom Arthur Eddington, daß Einstein gegen Newton recht hatte. Inzwischen ist dieser Effekt vielfach erwiesen dank der Entwicklung der Gravitationsoptik, die den gewundenen Weg von Lichtstrahlen beobachtet, abhängig von den Massen, an denen sie vorbeilaufen auf dem Weg von der Quelle, die sie aussendet, zu dem Astronomen, der sie mit seinem Teleskop auffängt.

Der zweite Test gilt der Orientierung der Achse der Ellipse, die ein Planet beim Umlauf um die Sonne beschreibt. Die Ebene der elliptischen Bahn bleibt der Newtonschen Mechanik zufolge unveränderlich in bezug auf ferne Sterne (Erhaltungssatz des Drehimpulses des Systems der beiden Himmelskörper), doch außerdem kann sich die Orientierung dieser Achse gar nicht ändern. Nun hatten die Astronomen im 19. Jahrhundert dank der ständig zunehmenden Meßgenauigkeit der Astrometrie festgestellt, daß die Achse der Ellipse, welche der Planet Merkur um die Sonne beschreibt, sich um 43 Winkelsekunden pro Jahrhundert dreht, was mit der klassischen Mechanik nicht zu erklären war. Die neue Relativitätstheorie gab eine genaue Erklärung für diese Drehung ebenso wie für ähnliche Phänomene, die bei Doppelsternsystemen beobachtet werden.

Da es weiterhin möglich ist, die Bahn einer Rakete oder eines Planeten mittels der Newtonschen Mechanik zu berechnen, muß es ein Kriterium geben, das über die Anwendbarkeit dieser Mechanik im jeweiligen Fall Auskunft gibt. Dieses einfache Kriterium spielt eine ähnliche Rolle wie in der speziellen Relativitätstheorie der Vergleich der jeweiligen Geschwindigkeit mit der Lichtgeschwindigkeit c. Hier prüft man den Wert einer Größe α, die die relative Bedeutung der in der Raumzeit vorhandenen Masse angibt. Betrachten wir eine Masse M, die sich in einer Kugel mit dem Radius R befindet, sowie eine kleine Masse m auf der Oberfläche der Kugel, und definieren wir α als das Verhältnis zwischen dem absoluten Wert der potentiellen Energie von m, das der Gravitation von M unterliegt (diese Energie kann bewirken, daß m auf M zustürzt), und der Massenenergie mc^2 von m:

$$\alpha = (GMm/R)/(mc^2) = GM/Rc^2$$

Man kommt zu dem Ergebnis, daß α nicht von m abhängt, sondern nur von der durch M strukturierten Raumzeit, in der m sich befindet. Die Größe $(GMm/R) = v_F^2$ ist genau gleich dem Quadrat der Fluchtgeschwindigkeit v_F, die der kleinen Masse erlauben würde, sich endlos von M zu entfernen. Je mehr diese Geschwindigkeit sich wegen der Bedeutung von M oder der Geringfügigkeit von R der Größe c nähert, desto mehr nähert α sich der Einheit; das gesuchte Kriterium ist also gegeben durch den Vergleich zwischen dem Wert von α und der Zahl 1.

Auf der Erdoberfläche ist α sehr klein, in der Größenordnung von 10^{-9}, und die Newtonsche Mechanik funktioniert ausgezeichnet. Sind M und R die Masse und der Radius der Sonne, so beträgt α 10^{-6}, und gelegentlich machen sich relativistische Effekte bemerkbar, wie Eddington 1919 konstatierte. Geht es aber um die Oberfläche eines kollabierten Objekts, wie es ein Neutronenstern darstellt, in dem eine Masse, die der Masse der Sonne vergleichbar ist (rund 10^{30} kg), in einer Kugel versammelt ist, deren Radius R einige Kilometer beträgt, dann hat α einen Wert 0,1, und die Abweichungen von der Newtonschen Mechanik werden bedeutsam. Noch ernster wird die Sache in der unmittelbaren Nachbarschaft noch dichterer Objekte wie der Schwarzen Löcher, denn dann nähert sich α dem Wert 1.

Die mathematische Sprache der allgemeinen Relativitätstheorie ist nicht so einfach wie die Newtons. Genügten vorher Vektoren, um die Kräfte und Beschleunigungen zu notieren, so bedarf es nun mathematischer Größen, die als „Tensoren" bezeichnet werden. Mit zehn Komponenten lassen sich diese neuen Einheiten nicht so leicht manipulieren. Ein erster Tensor drückt die gekrümmte Raumzeit durch alle vorhandenen Massen aus, ein zweiter enthält die Energie und den Impuls der in der Raumzeit vorhandenen Materie. Die zehn Einsteinschen Gleichungen verbinden die beiden Tensoren und erlauben dann – zumindest theoretisch, denn die Berechnungen können äußerst schwierig sein –, gleichzeitig die Krümmung des Raums und die darin stattfindenden Bewegungen zu bestimmen.

Die allgemeine Relativitätstheorie impliziert eine sehr starke Formulierung des Äquivalenzprinzips, das in abgeschwächter Form besagt, daß die Bewegung eines Teilchens in einem Gravitationsfeld unabhängig vom inneren Aufbau oder der Zusammensetzung dieses Teilchens ist; der Galilei zugeschriebene Versuch, dieses Prinzip dadurch verifiziert zu haben, daß er verschiedene Objekte vom Turm von Pisa herabfallen ließ, scheint übrigens eine Legende zu sein. Für Einstein, der die Gravitation als einen geometrischen Effekt betrachtet, lautet die starke Formulierung dieses Prinzips folgendermaßen: Die übrigen Gesetze der Physik ebenso wie deren fundamentale Konstanten bleiben lokal identisch, ob Gravitation vorhanden ist oder nicht. Ein Beobachter, der (zu Einsteins Zeiten, als man es beim „Gedankenexperiment" belassen mußte) eingeschlossen ist in einen fensterlosen Aufzug, der sich in freiem Fall befindet, oder (heutzutage) ein Beobachter in einer Raumkapsel mit abgestelltem Antrieb kann kein Experiment machen, das ihm verraten könnte, daß draußen Massen vorhanden sind, auf die er zustürzt.

Die allgemeine Relativitätstheorie, die den Anwendungsbereich der speziellen Relativitätstheorie einschließt und über ihn hinausgeht, stellt sich dar als eine kühne Gesamtheit von gelungenen Vereinheitlichungen. Niels Bohr sagte darüber, Einstein sei es gelungen, „das ganze Gebäude der klassischen Physik umzubilden und zu verallgemeinern, wobei er unserem Weltbild eine Einheit verlieh, die alle früheren Erwartungen übertraf".[8]

Die bereits in der speziellen Relativitätstheorie eingeführte Raumzeit vereint in sich die Begriffe von Zeit und Raum. Dieses geometrische Wesen (genauer: seine Metrik) bekommt etwas quasi Materielles, so daß der Physiker Jean-Marie Souriau nicht zögert, ihm einen Rang zuzuschreiben, wie ihn der ungreifbare Äther besaß, dem die Physiker jahrhundertelang nachjagten.

In der auf diese Weise vereinten Raum-Zeit beschreibt die neue Theorie symmetrisch Kinematik, Dynamik und Optik: Materie und Strahlung breiten sich nach Gesetzen aus, die für beide gleich sind, und stellen zwei äquivalente Formen der Energie dar. Darum glaubt die Kosmologie (in Gestalt der Urknall-Modelle), das Universum habe vor 15 Milliarden Jahren eine Phase durchlaufen, in der seine Dynamik nicht von der Materie, sondern von der in ihm enthaltenen elektromagnetischen Strahlung bestimmt wurde. Während dieser „Ära der Strahlung" hat tatsächlich die relativistische Strahlungsenergie die Struktur und die Evolution des Universums bestimmt.

Die Geometrie spielt, wie wir sahen, eine zentrale Rolle in der allgemeinen Relativitätstheorie.[9] Deshalb hat Einstein wohl weitergehen und auch die Materie geometrisieren wollen, um sie in diese ebenfalls geometrische Synthese einzubeziehen. Er hat lange vergeblich nach einer vereinheitlichten Theorie gesucht, in der auch die Materie nichts als Geometrie wäre. Tatsächlich ließ er sich bei der Konstruktion seiner Theorie von der Entsprechung zwischen Gravitation und Geometrie leiten. Diese Theorie beruht nämlich auf dem *Äquivalenzprinzip.* Man kann dieses Prinzip als Ausdruck einer empirischen Tatsache verstehen: Lokal sind die Gravitationseffekte nicht unterscheidbar von Beschleunigungseffekten, sind also letztlich (in der neuen Raumzeitkonzeption) geometrische Effekte. Diese vollständig in die neue Theorie eingegangene Analogie bildet deren Grundprinzip.

Die allgemeine Relativitätstheorie ist offenbar sehr reich an Synthesen: Sie enthält die Synthese von Raum und Zeit in der Raumzeit, die von Gravitation und Geometrie, sodann die von Gravitation und Optik – denn beide breiten sich auf ähnliche Weise mit der Geschwindigkeit c aus – und schließlich die Synthese von Licht, Materie und Energie.

Die mechanistische Konzeption und ihr Scheitern

Descartes hatte das mechanistische Programm klar formuliert: Für ihn ist das Universum eine Maschine, bei der es nichts zu betrachten gibt außer den Figuren und den Bewegungen ihrer Teile. Einen Teil dieses Programms hat die Newtonsche Physik bekanntlich mit Erfolg verwirklicht. Sie ablösend, nahm der Einheitstraum des 19. Jahrhunderts die mechanistische Form an. Für Helmholtz bestand das Problem der Physik darin, die natürlichen Phänomene auf invariable Kräfte der Anziehung und der Abstoßung zu beziehen, deren Intensität ganz von der Entfernung abhängen sollte. Dieses

Problem zu lösen war für ihn die Voraussetzung für ein vollständiges Naturverständnis. Dessen Aufgabe galt ihm dann als erreicht, wenn man die natürlichen Phänomene auf einfache Kräfte zurückführen könnte und der Nachweis erbracht wäre, daß diese Rückführung die einzige diesen Phänomenen angemessene war.

So naiv dieses Programm auch erscheinen mag, hat es doch die kinetische Theorie der Materie hervorgebracht, die sich als äußerst leistungsfähig erwies und durch die Brownsche Bewegung direkt bestätigt wurde. Dieser Erfolg ist der mechanistischen Konzeption zu verdanken. Diese hatte freilich auch Niederlagen zu verzeichnen. Zuallererst ist Descartes mit seiner Theorie der Wirbel gescheitert, die die vielfältigen Naturphänomene nicht zu erklären vermochte und schließlich von den Newtonschen Ideen ersetzt wurde. Ein großartiges vereinheitlichendes Prinzip reicht also nicht aus, um die Physik voranzubringen.

Elektrizität, Magnetismus und Licht haben sich ebenfalls jahrhundertelang „geweigert", der mechanistischen Vision zu gehorchen. Dabei hatte Newton eine Teilchenauffassung des Lichts vertreten. Sie hat sich aber trotz einiger spektakulärer Erfolge nicht dauerhaft durchsetzen können. Was das Licht angeht, so sollte Huygens für lange Zeit das letzte Wort behalten: Er sprach bei der allmählichen Bewegung und Ausbreitung von „Wellen", und zwar „wegen der Aehnlichkeit mit jenen, welche man im Wasser beim Hineinwerfen eines Steins sich bilden sieht".[10]

Das mechanistische Modell ist also mehrmals gescheitert: Man hat weder elektrische und magnetische Flüssigkeiten noch Lichtteilchen noch den „lichtbringenden" Äther beobachten können. Zur Beschreibung dieser Phänomene genügte der Begriff des räumlichen Feldes, wie es etwa in den Maxwellschen Gleichungen beschrieben wird; man brauchte weder eine Fernwirkung noch einen Träger in Anspruch zu nehmen. Die Welle wird einfach als Variation eines Feldes interpretiert.

Descartes hatte jedoch den Ehrgeiz gehabt, die Erklärungskraft des Mechanizismus auszuweiten und ihm alle Disziplinen unterzuordnen, so daß er alle Verhaltensweisen zu beschreiben vermochte, auch die der Lebewesen: Die „Funktionen" eines lebenden Körpers hängen in dieser Maschine „lediglich von der Disposition der Organe" ab, nicht mehr und nicht weniger als die Bewegungen einer Uhr oder sonstigen Automaten aus den Bewegungen ihrer Gegengewichte und ihrer Räder folgen.[11] Nach dem Erfolg von Newtons mechanischem Modell griff man vielfach auf diesen Traum zurück, und es gab unzählige Versuche, dasselbe Schema auf Chemie, Biologie, Psychologie, Sozialwissenschaften und Ökonomie anzuwenden.[12]

Anmerkungen

[1] Vgl. C. Huygens, *Abhandlung über das Licht*, S. 11.

[2] Die erste Bestimmung der Lichtgeschwindigkeit geht auf den dänischen Astronomen Olaus Römer zurück, der 1676 die Verfinsterungen der von Galilei entdeckten Jupitersatelliten dazu heranzog.

[3] L. de Broglie, *Matière et lumière*, S. 57.

[4] Es war ein genialer Einfall Maxwells, daß er ohne Anleitung durch die Erfahrung den Begriff des Verschiebungsstromes einführte, der seiner neuen Theorie zugrunde lag. Zweifellos inspirierte ihn dabei die Harmonievorstellung. Um nämlich seine Gleichungen symmetrischer zu machen, fügte er einen zusätzlichen Term ein, der sich als der eigentliche Schlüssel dieser Vereinheitlichung entpuppte.

[5] Eigentlich hatten schon Faradays Experimente um die Mitte des 19. Jahrhunderts einen gewissen Zusammenhang zwischen Licht und Magnetismus ahnen lassen. Schon 1845 hatte Faraday nachgewiesen, daß die Polarisationsebene von polarisiertem Licht sich mit der Anlegung eines Magnetfeldes dreht: Es bestünden, so Faraday, Zusammenhänge zwischen den magnetischen Kräften und dem Licht. Seinem Versuch, Schwerkraft und Elektrizität zu vereinen, war weniger Glück beschieden. Vergeblich mühte er sich ab, elektrische Ströme in Solenoiden festzustellen, die er von einer Terrasse herabwarf.

[6] Was den jeweiligen Beitrag dieser Autoren angeht, verweisen wir auf M. Paty, *Einstein philosophe*.

[7] J. Wheeler, *Einsteins Vision*, S. 4.

[8] N. Bohr, „Einheit des Wissens", S. 78.

[9] Es wurde allerdings gezeigt, daß man die allgemeine Relativitätstheorie auch ohne Geometrie interpretieren kann.

[10] C. Huygens, *Abhandlung über das Licht*, S. 11.

[11] Vgl. R. Descartes, *Über den Menschen*, S. 44.

[12] Pierre Thuillier gibt in seinem beeindruckenden Werk *La grande implosion* eine Analyse all dieser Versuche; genauer gesagt: er prangert sie an.

4 Vereinheitlichungen der Gegenwart

Die Quantenrevolution

Die Quantentheorie dient den Physikern dazu, bestimmte Phänomene im mikroskopischen Bereich zu erklären. Dabei geht es um Atome oder um Teilchen wie Protonen, Neutronen, Elektronen oder die Photonen, die Teilchen des Lichts. Diese Objekte sind weder mit bloßem Auge noch mit der Lupe und nicht einmal mit dem Mikroskop zu sehen. Sie wurden erst im 20. Jahrhundert entdeckt.

Von 1920 bis zur Gegenwart wurde die Physik auf praktisch allen Gebieten – Festkörperphysik, Atomphysik, statistische Physik, Kernphysik, Teilchenphysik usw. – vor allem durch die Quantenphysik vorangebracht. Sie wurde entwickelt, nachdem die Physiker Anfang des Jahrhunderts festgestellt hatten, daß das Verhalten der Atome mit den gewöhnlichen physikalischen Gesetzen nicht zu erklären ist. Schon die Stabilität der Atome war mit diesen Gesetzen nicht zu verstehen, genausowenig wie der Mechanismus, mittels dessen die Atome Licht emittieren. Auch wurde deutlich, daß die Elektronen, von denen man annahm, daß sie um den Atomkern kreisen wie die Planeten um die Sonne, keine wohldefinierte Bahn haben. Sie scheinen im Raum delokalisiert zu sein, es sei denn, man macht sich daran, ihren Ort zu messen.

Um das alles zu erklären, mußte die Physik gründlich umgebaut werden. Die Quantenphysik ist das Ergebnis dieser Revolution des Denkens, die von so berühmten Physikern wie Albert Einstein, Paul Dirac, Erwin Schrödinger, Werner Heisenberg und Niels Bohr vollzogen wurde.

Die praktische Verwertbarkeit dieser Physik ist umfassend. Von ihr machen heute die Teilchenphysiker, die Kern- oder Atomphysiker, die Festkörperphysiker und sogar die Astrophysiker Gebrauch. Es gibt bis heute kein Experiment, das ihre Vorhersagen widerlegt, und seien sie noch so abwegig. Daß manche ihrer Vorhersagen so entschieden gegen den gesunden Menschenverstand verstoßen, darf uns nicht verwundern, denn die Quantenphysik operiert mit Begriffen, die nicht in jedem Fall eine Entsprechung im Alltagsleben haben.

Wir erwähnten schon, daß die Teilchenvorstellung stark unter Druck gerät, weil man auf eine harmonische Sichtweise zurückgreift: Die Gegebenheiten, die wir als „Teilchen" (Quarks, Photonen usw.) bezeichnet haben, sind in Wahrheit nur bruchstückhafte, begrenzte Aspekte einer tieferen, nur schemenhaft erkennbaren Realität.

Die klassische (nicht-quantische) Physik hat es mit zweierlei Objekten zu tun: mit Teilchen und (klassischen) Wellen. Ein Teilchen ist eine diskrete Entität, die in einem sehr begrenzten Raumbereich lokalisiert, also quasi punktförmig ist. Es beschreibt eine Trajektorie, auf der sein Ort und seine Geschwindigkeit zu jedem Zeitpunkt klar definiert sind. Eine (elektromagnetische, akustische usw.) Welle ist hingegen nicht lokalisiert. Sie ist etwas Kontinuierliches und nimmt daher wenn nicht den ganzen Raum, so doch zumindest eine ausgedehnte Zone ein. Außerdem können sich zwei (oder mehr) Wellen „überlagern". Die Summe zweier Wellen (gleichen Typs) hat daher einen physikalischen Sinn, was nicht für die Teilchen gilt: Man kann nicht zwei Billardkugeln, die sich am selben Ort befinden, addieren, jedenfalls kann man nicht sagen, das Ergebnis sei eine Billardkugel.

Wenn zwischen Welle und Teilchen auch kaum eine Verwandtschaft besteht, so hat die Quantenrevolution doch ihre Annäherung gefordert, was zu einer ebenso seltsamen wie ausweglosen Situation und letztlich dazu führt, daß beide geleugnet werden.

Um die Möglichkeit einer solchen Verbindung begreiflich zu machen, führt man oft das berühmte „Zweispalten-Experiment" von Young an.[1] Das Besondere daran ist, kurz gesagt, daß eine klassische Beschreibung – sei es im Sinne von Teilchen, sei es im Sinne von Wellen – nicht hinreicht, seine Resultate zu erklären. In der Teilchenbetrachtung geht es um die Ausbreitung von Elektronen, die durch eine von zwei Spalten gehen und dann auf einen Schirm treffen. Als Teilchen aufgefaßt, muß jedes Elektron des Experiments durch einen der beiden Spalte gehen. Sein Verhalten sollte nicht davon beeinflußt werden, ob der andere Spalt geschlossen oder offen ist, weil es weit von ihm entfernt bleibt. Das Versuchsergebnis stimmt nicht mit dieser Annahme überein: Die Zustände *beider Spalte* sind absolut bestimmend; beide bedingen die räumliche Verteilung der Punkte, an denen die Elektronen auf den Schirm treffen. Als Teilchen aufgefaßt, müßte das Elektron also den Zustand des anderen Spalts, dem es niemals nahekommt, „kennen", um seine Bahn zu bestimmen, so als könnte es in der Versuchsanordnung „herumstöbern", um die gesamte Anlage kennenzulernen. Außerdem läßt sich absolut nicht feststellen, durch welchen der beiden Spalte ein Elektron gegangen ist.

Da die Beschreibung im Sinne von Teilchen unbefriedigend ist, liegt es nahe zu sagen, daß man es mit Wellen zu tun hat. Tatsächlich verteilen sich die Trefferstellen auf dem Schirm nach den Regeln von Interferenzen von Wellen; man kann sie als (bald konstruktive, bald destruktive) Addition zweier Wellen interpretieren. Doch auch dieser Interpretation widersprechen die Ergebnisse; auf dem Schirm sind genau lokalisierte Punkte zu erkennen, nicht aber eine durchgehende Verteilung.

Im Sinne der klassischen Physik ist der Widerspruch nicht aufzulösen: Betrachtet man die Elektronen als Teilchen, muß man darauf verzichten, die Interferenzen zu erklären, und die Verteilung der Trefferstellen auf dem Schirm ist unerklärlich. Betrachtet man die Elektronen als Wellen, kann man ihnen keine räumlichen Bahnen zuschreiben, und die Tatsache, daß der Schirm diskontinuierliche Trefferstellen verzeichnet, ist nicht zu verstehen. Keines der beiden Bilder ist befriedigend. Die Elektronen haben weder Teilchen- noch Wellencharakter.

Nun werden die Physiker mit einer seltsamen Situation konfrontiert: Stellen sie eine Frage im Sinne von Wellen, antwortet das Experiment im Sinne von Wellen. Das geschieht beispielsweise, wenn sie die Elektronen beugen oder sich überlagern lassen. Stellen die Physiker jedoch eine Frage im Sinne von Teilchen, antwortet das Experiment im Sinne von Teilchen, zum Beispiel mit genau lokalisierten Trefferstellen der Elektronen auf dem fluoreszierenden Schirm. Doch bei keiner Beobachtung verhält sich das Elektron zugleich wie eine Welle und ein Teilchen. Hängt die Art der beobachteten Phänomene etwa von der Art der benutzten Apparaturen ab? Wie ist das Elektron an sich beschaffen, wenn man keine Messung an ihm vornimmt? Man sieht, daß die Quantenphysik schon bei einem eigentlich sehr einfachen Experiment die Frage aufwirft, wie weit uns die Realität zugänglich ist.

Mit dem Quantenformalismus – freilich muß man die klassischen Vorstellungen dafür aufgeben – wird dieses Experiment genauso verständlich wie die anderen. Mit dem Begriff der Wellenfunktion (oder des Quantenfeldes) wird es möglich, den physikalischen Zustand eines Systems zu beschreiben. Im Widerspruch zu ihrer Bezeichnung verweist die Wellenfunktion nicht auf eine klassische Wellenkonzeption. Bei einer Messung ändert sie sich abrupt. Man spricht dann von einer „Reduktion des Wellenpakets".

Die Quantenkomplementarität

> Man muß immer zwei Ideen haben: eine, um die andere zu töten.
> *Georges Braque*

Die Wurzeln der Quantenkomplementarität sind zweifellos in der Korrelation der Gegensätze zu suchen, die Heraklit so schätzte. Mag die Komplementarität auch auf die reinste philosophische Tradition zurückgehen, so ist sie doch sehr schwer zu fassen, und es gibt Zweifel, ob sie ein physikalisch sinnvoller Begriff ist. In der ersten Jahrhunderthälfte drehten sich alle Diskussionen über die Bedeutung der Quantenmechanik um sie, und sie spaltete das Lager ihrer Begründer. Planck, Schrödinger, Einstein und de Broglie wollten nichts von ihr wissen, während Heisenberg, Pauli, Born und Dirac sie mehr oder weniger bereitwillig anerkannten.

Die Komplementarität bedeutet, daß die physikalische Realität weder durch das Wellenbild noch durch das Teilchenbild vollständig ausgedrückt wird. Um die Phänomene anzusprechen, benutzt man zwei verschiedene Sprachen – die Wellen- oder die Teilchensprache –, auch wenn sie formell unvereinbar sind. Ohne diese grundlegende Ambivalenz kann man die klassischen Begriffe nicht in den Quantenbereich einführen.

Bohr erklärt, der Sinn eines Begriffs werde allein durch ein konkretes Experiment definiert: Das Experiment entscheidet, ob ein Begriff geeignet ist, die erhaltene Information zu beschreiben.

Isabelle Stengers schreibt zu diesem Thema: „Es geht um die Einzigartigkeit jeder Wissenschaft, wenn die komplementaristische Behauptung ausgesprochen wird, daß es keine Antwort gebe ohne Frage. Jede Wissenschaft muß, mit anderen Worten, ihren Verfahrensmodus an den folgenden Aussagen messen lassen: Kein Wissensinhalt kann Unabhängigkeit gegenüber der Frage gewinnen, die ihm Sinn gibt; keine Frage kann wiederum Autonomie gegenüber der Wahl gewinnen, auf der sie beruht; keine Wahl kann vermeiden, daß auf ihren selektiven Charakter Bezug genommen wird, daß Bezug genommen wird auf das, dessen Inszenierung sie verhindert, um selbst inszeniert zu werden."[2]

Ein Begriff ist also nur operational zu verstehen, er hat keinen absoluten Sinn, kann nur für ein bestimmtes, konkretes Experiment benutzt werden und nicht für ein anderes. Er ist nicht von einer Situation auf jede andere übertragbar. Beim Zweispalten-Experiment gilt der Wellenbegriff, wenn wir nicht wissen wollen, durch welchen Spalt das Elektron geht, und wenn das Interferenzmuster erscheint. Stellt man dagegen, durch welche Versuchsanordnung auch immer, den Spalt fest, durch den die Elektronen gehen, so kann eine Trajektorie definiert werden, aber die Interferenzstreifen verwischen sich: Der Wellenbegriff verliert dann jeden Sinn und ist nicht mehr anwendbar. Das Quantenobjekt wird so zu einem verschwommenen Objekt, auf das man nacheinander widersprüchliche Prädikate anwenden darf, während man zugleich einen Diskurs verteidigt, der widerspruchsfrei erscheinen kann. Der Wellen- und der Teilchenbegriff schließen sich gegenseitig aus. Sie sind aber beide nötig, wenn der Beobachter, um das Experiment auch im Sinne der klassischen, also nicht-quantischen Physik zu analysieren und die Gesamtheit der Informationen auszuschöpfen, darauf besteht, daß verschiedene Meßapparate ein Quantensystem ergeben können.

Die Komplementarität stellt sich somit als ein unauflöslicher Widerspruch dar, als Verbindung eines Begriffs mit seiner Negation. Bohr soll es, als er sie vorschlug, um die Begründung einer neuen Erkenntnistheorie gegangen sein, und er hat sich große Mühe gemacht, sie auf außerphysikalische Bereiche anzuwenden, besonders auf die Biologie. Man weiß zum Beispiel, daß es nicht möglich ist, ein biologisches System völlig von seinem Milieu zu isolieren, ohne es zu töten; bei einem lebenden System muß man zwischen Erforschung und Tod wählen. Niels Bohr war gleichfalls der Ansicht, daß zwischen der praktischen Benutzung eines beliebigen Wortes und dem Versuch seiner exakten Definition ein Verhältnis gegenseitiger Ausschließung bestehe. Er sprach von einer faktischen Komplementarität zwischen Liebe und Gerechtigkeit; da die letztere gefühlsmäßige Indifferenz verlangt, ist man nicht gerecht gegenüber denen, die man liebt. Dies läßt sich fortsetzen: Komplementarität zwischen Introspektion und Emotion (die Introspektion vertreibt die Emotion, die sie beschreiben will), zwischen Affektivität und Denken, Individuum und Gattung... Solche allzu naiven Verallgemeinerungen zogen rasch Kritik auf sich.

Ist die Quantenphysik vollständig?

Einstein hielt die Quantenphysik für unvollständig, weil sie nicht zu beschreiben vermag, warum einzelne Systeme sich in einer bestimmten Weise verhalten, und lediglich die durchschnittlichen oder statistischen Eigenschaften der

Materie vorhersagt. Er faßte seine Einwände 1935 in einem Artikel zusammen, der „EPR" betitelt wird, nach den Initialen von Einstein und seinen beiden damaligen Mitarbeitern Boris Podolsky und Nathan Rosen.[3] Das dort angestellte Gedankenexperiment sollte zeigen, daß die Qantentheorie uns nicht alles sagt, was wir von einer guten physikalischen Theorie erwarten dürfen. Es geht von drei Hypothesen aus:

(a) Die Hypothesen der Quantenphysik sind richtig.

(b) Kein Einfluß kann sich schneller ausbreiten als das Licht.

Diese Hypothese impliziert, daß es Fälle gibt, in denen man sicher sein kann, daß von zwei Ereignissen keines das andere beeinflußt; das ist dann der Fall, wenn sie räumlich so weit voneinander entfernt und zeitlich so eng benachbart sind, daß das Licht nicht die Zeit hat, eine Verbindung zwischen ihnen herzustellen. Sie ereignen sich also „jedes in seiner Ecke". Diese Hypothese nennt man Einsteins „Prinzip der Trennbarkeit oder Lokalität".

(c) Wenn wir ohne Störung eines Systems mit Gewißheit (das heißt mit Wahrscheinlichkeit eins) den Wert einer physikalischen Größe vorhersagen können, dann existiert ein Element der physikalischen Realität, das dieser physikalischen Größe entspricht.

Was Einstein hier formuliert, ist ein sehr allgemeines Realitätskriterium. Er präzisiert, was er unter dem Wort „real" versteht. Es sei festgehalten, daß seine Definition dem gesunden Menschenverstand entspricht: Wenn ich das Ergebnis der Messung einer physikalischen Eigenschaft, die ich vornehmen werde, vorhersagen kann und wenn meine Vorhersage jedesmal richtig ist, dann habe ich allen Anlaß zu glauben, daß der für diese Eigenschaft gefundene Wert weder ein Traum noch ein Hirngespinst ist. Es muß folglich ein Element der Realität geben, das ihm entspricht.

Anschließend erklärt Einstein, jedem anhand dieses Kriteriums definierten Element der physikalischen Realität müsse eine durch den Formalismus definierte Größe entsprechen, gleichgültig, ob sie gemessen wird oder nicht. Nur unter dieser Bedingung könne eine physikalische Theorie „vollständig" genannt werden.

Einstein zeigt hier, daß die Anwendung des physikalischen Realitätskriteriums auf die Quantentheorie zum berühmten „EPR-Paradox" führt, genauer, daß die Gesamtheit der Hypothesen *(a)*, *(b)* und *(c)*, angewandt auf ein bestimmtes Gedankenexperiment, dazu führt, daß den Subsystemen (den Elementen eines Teilchenpaares) Eigenschaften zugeschrieben werden, die der Quantenformalismus nicht erklärt. Dieser wird also bei einer Unvollständigkeit ertappt. Daraus folgert Einstein, daß es eine noch zu entdeckende, genauere Ebene der Beschreibung der physikalischen Wirklichkeit geben müsse.

Dieser Folgerung Einsteins widerspricht Niels Bohr. Die Hypothese *(b)* sei nicht uneingeschränkt akzeptabel, und Einsteins Realitätskriterium sei nicht aufrechtzuerhalten. Da zwischen dem Verhalten der Teilchen und ihrer Wechselwirkung mit den Apparaten, die ihre Existenzbedingungen definieren, nicht klar getrennt werden könne, müsse man in Betracht ziehen, daß zum Beispiel die Geschwindigkeit eines Teilchens nicht eine Eigenschaft des Teilchens selbst sei, sondern eine zwischen dem Teilchen und dem Meßinstrument geteilte Eigenschaft. Das einzige, was eine Theorie zu beschreiben beanspruchen könne, seien Phänomene, deren Definition den experimentellen Kontext einschließe, der sie manifest werden läßt, nicht aber eine vorgeblich objektive Wirklichkeit. Dies leiste die Quantenphysik vollkommen, weil sie die Vorhersagemöglichkeiten in allen Versuchssituationen ausschöpfe, die das Auftreten eines Phänomens erlauben. Sie sei daher prädiktiv vollständig. Niels Bohr fügt hinzu, daß man sich aller Überlegungen zur Wirklichkeit der Dinge als solcher zu enthalten habe.

Diese Kontroverse zwischen Bohr und Einstein hat eine philosophische Dimension, denn sie berührt das Weltverständnis, die Vorstellung, die sich der Mensch von der Welt macht, und die Rolle der physikalischen Theorien. Sie gehört aber auch zur Physik in dem Sinne, wie Einstein sie formulierte, weil dieser wegen der nach seiner Meinung bestehenden Unvollständigkeit der Quantenphysik in Zukunft mit einer „besseren" Theorie rechnete. Diese Frage ist mittlerweile durch die Erfahrung entschieden, und zwar nicht im Sinne der Hoffnungen des Vaters der Relativitätstheorie: zum einen durch eine theoretische Entdeckung, die der Physiker John Bell 1965 machte, zum anderen durch mehrere experimentelle Bestätigungen.

Die drei Hypothesen Einsteins, sagten wir, liefen auf die Unvollständigkeit der Quantenphysik hinaus. Wenn sie richtig sind, wovon Einstein überzeugt war, muß der Quantenformalismus also entweder durch einen anderen ersetzt oder vervollständigt werden. John Bell, gleichfalls ein „realistischer" Physiker, war auf den ersten Blick geneigt, Einsteins Auffassung zu teilen, daß die Ereignisse von selbst auftreten, unabhängig vom experimentellen Kontext ihres Auftretens. Ihm fiel jedoch etwas Merkwürdiges auf: Die Theorien, die durch Einführung zusätzlicher Parameter die Quantenphysik zu vervollständigen suchen, namentlich die Theorien von Louis de Broglie und David Bohm, konnten die Hypothesen (a) und (c) nur erfüllen, wenn sie die Lokalitätshypothese (b) verletzten (man nennt sie deshalb „nicht-lokal"). Geht es hier um eine Unvollkommenheit dieser speziellen Theorien, oder handelt es sich um eine generelle Eigenschaft aller Theorien mit verborgenen Variablen? Das wollte John Bell wissen. Zu seiner großen Überraschung konnte er formell beweisen, daß jede Theorie, welche die Realität beschreiben und die Hypothesen (a) und (c) erfüllen möchte, notwendig die Hypothese (b) oder eine Hypothese von ganz ähnlicher Bedeutung verletzen muß.

John Bell bewies mit diesem Theorem, daß jede realistische Theorie, die die drei Hypothesen Einsteins erfüllt, mit Einschränkungen hinsichtlich der Resultate verbunden ist, die bei bestimmten Messungen zu erwarten sind: Einschränkungen, die als Ungleichungen geschrieben werden können, die Bellschen Ungleichungen. Er zeigte außerdem spezielle Situationen auf, für welche die Vorhersagen der Quantenphysik mit diesen Ungleichungen in Widerspruch geraten. Die Quantenphysik sagt zum Beispiel vorher, daß die Korrelationen zwischen Photonen, die kaskadenartig von einem Atom emittiert werden, stärker sind, als aus den lokalen Theorien mit verborgenen Variablen hervorgeht. Jetzt konnte man die anfangs rein philosophische Kontroverse zwischen Bohr und Einstein experimentell entscheiden (leider erst nach beider Tod). Entweder wurde die Quantenphysik mit ihrer Beschreibung einer beinahe phantomartigen Realität widerlegt, oder man konnte ausschließen, daß es hinter dieser Realität eine Theorie gab, die eine lokal definierte Realität erklären würde.

Erste Experimente mit korrelierten Photonen Anfang der siebziger Jahre ergaben widersprüchliche Resultate, nicht erstaunlich angesichts der extrem schwachen Signale. Als Edward Fry die Atome 1976 mit einem Laser anregte, sprach das Ergebnis klarer für die Quantenphysik. Doch erst Anfang der achtziger Jahre zeigte ein Team des Institut d'Optique d'Orsay unter Leitung von Alain Aspect unwiderleglich, daß die Bellschen Ungleichungen verletzt waren und die Vorhersagen der Quantenphysik zutrafen. In ganz bestimmten Situationen bilden zwei Photonen, die in der Vergangenheit in Wechselwirkung standen, tatsächlich ein unauflösliches Ganzes, auch wenn sie sehr weit voneinander entfernt sind (dies gilt aber nicht für alle Photonenpaare). Sie zeigen dann ein Gesamtverhalten, das nicht zu erklären ist im Sinne von Teilchen, die von vornherein die Eigenschaft besitzen, die zu messen man beschlossen hat.

Hier können die Prämissen „Einsteinsche Trennbarkeit" und „Einsteinsches Realitätskriterium" nicht beide zugleich wahr sein. Man muß, ob man will oder nicht, darauf verzichten, die Quantenphysik im Sinne der Ideen des Vaters der Relativitätstheorie zu interpretieren. Ausgeschlossen ist insbesondere ihre Vervollständigung durch lokale Theorien mit verborgenen Variablen. So eindeutig auch der experimentelle Nachweis der quantentheoretischen Nicht-Trennbarkeit sein mag, so unklar bleiben ihr erkenntnistheoretischer Status und ihr Zusammenhang mit den Postulaten der Quantenphysik.[4]

Die Vielzahl der Interpretationen der Quantenphysik

Was kann man über die nicht-beobachtete Realität sagen? Das ist die Frage, auf die letztlich alle anderen Fragen nach der Quantenphysik hinauslaufen. Die Antworten zerfallen traditionell in zwei große Denkschulen. Die eine ist der *Realismus,* der die Physik als eine Erforschung der Realität betrachtet, als eine Entschleierung dessen, was unabhängig von uns existiert. Anhänger dieser Auffassung – zu ihnen gehört auch Albert Einstein – denken, daß „das Objekt dem Subjekt gegeben ist", und sie sind überzeugt, daß es das höchste Ziel der Physik sei, zu einer authentischen Sicht der objektiven Realität zu gelangen. Die andere Denkschule ist der Positivismus, die Auffassung also, Kern der Wissenschaft sei die korrekte Vorhersage dessen, was man beobachten wird, und „der Rest" (die Reden von der Realität, die metaphysischen Fragen usw.) sei nichts als Wortspielerei. Das Wort „Realität" hat dieser Auffassung zufolge an sich keinen Sinn, so daß man über die wahre Natur der Dinge vergebens diskutieren wird. Für den Positivisten reduziert sich die Wissenschaft auf ihre Wirksamkeit. Es gibt eine Verwandtschaft zwischen dieser Haltung und derjenigen, die von einigen Begründern der Quantenphysik vertreten wird, die zusammen mit Niels Bohr eine sogenannte „orthodoxe" Interpretation der Quantenphysik vorschlugen, auch „Kopenhagener Schule" genannt (Bohr war Däne).

Die Reaktionen auf die Quantenphysik zerfallen eigentlich in nur wenige Gruppen:

Da ist erstens die Sichtweise der Anhänger der *Kopenhagener Schule.* Da das Wort „Realität" für sie an sich keinen Sinn hat, wollen sie darüber nicht diskutieren, weil es vergeblich wäre. Die Quantenphysik ist effektiv, und mehr kann man von ihr nicht verlangen. Eine tiefere kognitive Bedeutung darf sie nicht beanspruchen.

Für eine zweite Sicht kann man von einer „konstruktiven Zwickmühle" sprechen. Eine Gruppe von Physikern sieht in der philosophischen Verlegenheit, in die uns die Quantenphysik stürzt, ein Zeichen dafür, daß sie nur eine *angenäherte* Theorie ist; das Meßproblem, die Reduktion des Wellenpakets und der Verzicht auf den strengen Determinismus sind für sie allzu viele bittere Pillen. Die einzige Lösung besteht ihrer Ansicht nach darin, die Quantentheorie selbst zu ändern. Was sie vorschlagen, gleicht einer ungeheuren Herausforderung: dafür zu sorgen, daß der geltende Formalismus, der, was die mit ihm erreichbaren Resultate angeht, vorzüglich funktioniert, dies weiterhin tut, aber auf einer anderen Grundlage. Das ist kein geringes Unterfangen, besonders seit feststeht, daß man nicht mehr hoffen kann, die Quantenphysik durch eine Theorie „mit lokalen verborgenen Variablen" zu ersetzen. Jede Gegenposition muß, um glaubwürdig zu sein, die Nicht-Lokalität oder Nicht-Trennbarkeit integrieren. Das ist der Fall bei David Bohms Theorie,[5] die den „Archetyp" der sogenannten Theorien mit nicht-lokalen verborgenen Variablen darstellt. Sie erlaubt mit Hilfe einiger Modifikationen der Quantentheorie die Rückkehr zu einem strengen Determinismus. Allerdings bleiben viele Physiker zurückhaltend gegenüber dieser Theorie, die ebenfalls zu Schwierigkeiten führt.

Die dritte Reaktion besteht darin, eine andere Deutung der Quantenphysik vorzuschlagen. Manche Physiker akzeptieren den Quantenformalismus, wie er ist, halten aber die Interpretation der Kopenhagener Schule für zu minimalistisch. So behauptete Eugene Wigner (1902–1994) im Jahr 1962, die Reduktion des Wellenpakets bei einer Messung erzwinge die Annahme eines aktiven Einflusses des Bewußtseins auf die physikalische Realität. Wigner meinte sogar, der Kognitionsakt eines mit Bewußtsein begabten Beobachters löse die Reduktion des Wellenpakets aus. Der Haken an dieser spiritualistischen Auffassung ist, daß sie unbestimmt ist, gelinde gesagt. Besonders mangelt es ihr an einer ernstzunehmenden Theorie des Bewußtseins, die noch immer nicht in Sicht ist.

Eine andere, sehr merkwürdige Interpretation, die von einigen Physikern entwickelt wurde, ist die der parallelen Welten. Eine erste Version geht auf Hugh Everett zurück, der sie 1957 vorschlug. Bei einer Messung, die von vornherein zwei verschiedene Resultate ergeben kann, soll sich die Gesamtheit, die aus dem Meßgerät und dem gemessenen Objekt besteht, in zwei Gesamtheiten aufspalten (tatsächlich werden zwei parallele Welten geschaffen), wobei in der einen das erste, in der anderen das zweite Resultat realisiert wird. Alle möglichen Resultate einer Messung werden demnach gleichzeitig realisiert, um den Preis einer entsprechenden Verdoppelung des Universums. So ausgefallen diese Theorie erscheinen mag – sie zu widerlegen ist genauso schwierig wie sie zu bestätigen. Daß sie nur zu dem Zweck ersonnen wurde, eine Antwort auf das Meßproblem in der Quantenphysik zu geben, zeigt, in welche Verlegenheit die Quantenphysik manche Leute bringt.

In Wirklichkeit ist die Grenze zwischen denen, die den Quantenformalismus akzeptieren, und denen, die ihn nicht akzeptieren, fließend. Es gibt einen Zwischenbereich, in dem Forscher zu zeigen versuchen, daß die Reduktion des Wellenpakets durchaus kein transzendentes, vom Himmel gefallenes Rezept ist, sondern ein Mechanismus, den die Physik beschreiben kann. In diesem Zwischenbereich findet man insbesondere die sogenannte „Theorie der Dekohärenz", die von Autoren wie Wojciech Zureck, James Hartle, Roland Omnès, Murray Gell-Mann und anderen vertreten wird. Diese Theorie versucht zu erklären, warum makroskopische Objekte ein klassisches Verhalten zeigen, während mikroskopische Objekte, Atome und sonstige Teilchen ein Quantenverhalten zeigen. Die Theoretiker der Dekohärenz bringen „die Umgebung" ins Spiel, also alles, was die Objekte umgibt, zum Beispiel die Luft, in der sie sich ausbreiten, oder, wenn man ein Vakuum herstellt, die sie umgebende Strahlung. Die Wechselwirkung zwischen einem makroskopischen Objekt und der Strahlung, die es umgibt, ist bedeutsam (anders als bei einem mikroskopischen Objekt), so daß man das Gesamtsystem betrachten muß, bestehend aus dem makroskopischen Objekt und seiner Umgebung. Diese Wechselwirkung läßt die makroskopischen Objekte sehr schnell ihre Quanteneigenschaften verlieren (die Umgebung wirkt gewissermaßen wie ein Beobachter). Insbesondere wird ihr Verhalten klassisch. Man sagt, es habe Dekohärenz stattgefunden. Diese Theorie hat, wie alle anderen auch, ihre Anhänger und ihre Gegner.

Hier kann und soll nicht über all die erwähnten Auffassungen entschieden werden, zumal sich in zahlreichen neueren Experimenten eine erhebliche Menge neuer Tatsachen gezeigt hat, die noch längst nicht von der Theorie verarbeitet wurden. Es lebe einstweilen der Pluralismus! Würden die Anhänger eines starken Realismus doch nur nicht das Prinzip, das Reale sei vollkommen intelligibel, zum absoluten Dogma erheben und die radikalen Positivisten doch nur nicht die Idee verdammen, daß es sinnvoll ist, sich mit dem Realen zu befassen, und sie für schlechte Metaphysik erklären!

Fermionen und Bosonen

Zwei makroskopische Objekte sind nie vollkommen identisch. Zwischen zwei Billardkugeln gibt es – auch bei gleicher Farbe – immer irgendeinen Unterschied (zum Beispiel einen Kratzer, eine Stoßspur), der weder ihre Eigenschaften noch ihr Verhalten beeinflußt. Man kann sie also immer voneinander unterscheiden. Um ihre jeweilige Identifikation deutlicher zu machen, kann man sie mit Filzstift (durch einen Punkt, ein Kreuz usw.) kennzeichnen. Aber auch ohne ein solches Kennzeichen kann man das Schicksal jeder Kugel, individuell genommen, vollständig erkennen, indem man mit den Blicken ihren jeweiligen Bahnen folgt.

Das ist auf der Ebene der mikroskopischen Teilchen („Teilchen" ist hier im weiten Sinne zu nehmen: Atome, Atomkerne, zusammengesetzte Teilchen, Elementarteilchen usw.) nicht mehr möglich, und zwar aus zwei Gründen. Zum einen sind die identischen Teilchen nicht mehr voneinander zu unterscheiden: Ersetzt man in einem Atom ein Elektron durch ein anderes, so wird keine der Eigenschaften des

Atoms davon berührt; ein Elektron unterscheidet sich in nichts von einem anderen; im übrigen kann man sie nicht kennzeichnen, zum Beispiel durch eine bestimmte Farbgebung. Zum andern hat der Begriff Bahn in der Quantenphysik keinen Sinn mehr. In einem Ensemble identischer Teilchen ist es also nicht mehr möglich, sie individuell zu verfolgen und ihr individuelles Schicksal zu ermitteln. Die identischen Teilchen sind somit ununterscheidbar.

Das Problem, das durch die Identität der Teilchen aufgeworfen wird, löst die Quantenphysik durch deren Aufteilung in zwei große Kategorien. Die Teilchen der ersten Kategorie werden (nach dem italienischen Physiker Enrico Fermi) „Fermionen" genannt; die Teilchen der zweiten Kategorie werden (nach dem indischen Physiker Satyendranath Bose) „Bosonen" genannt. Einen Zwischenbereich gibt es nicht: Jedes Teilchen ist entweder ein Fermion oder ein Boson. Die Elektronen, Protonen und Neutronen sind Fermionen, die Photonen sind Bosonen.

Worin unterscheiden sich Fermionen und Bosonen? Man erinnere sich, daß jedes physikalische System der Quantentheorie zufolge durch eine mathematische Größe dargestellt werden kann, die den Zustand angibt, in dem es sich befindet. Wir sprechen von einem „Zustandsvektor". Unterstellt man diese Darstellungsweise, so besteht der Unterschied zwischen Fermionen und Bosonen in folgendem:

Betrachten wir ein System, das aus zwei identischen Teilchen besteht, dargestellt durch einen Zustandsvektor, und vertauschen wir die Teilchen miteinander. Handelt es sich bei den Teilchen um zwei Bosonen, dann bleibt der das System darstellende Zustandsvektor streng unverändert; handelt es sich um Fermionen, so wechselt der Zustandsvektor nur sein Vorzeichen.

Diese Verhaltensänderung bei bloßer Rollenvertauschung scheint nur ein Detail zu sein, hat aber weitreichende Implikationen, weil sie mit dem Spin[6] der Teilchen zusammenhängt (der „Spin" ist der quantenmechanische Ausdruck für jene interne Eigenschaft der Teilchen, die nach gewöhn-

lichem Begriff die „Drehung um sich selbst" ist). Man kann
nämlich zeigen, daß die Teilchen mit halbzahligem Spin (1/2,
3/2, ...) notwendig Fermionen und die mit ganzzahligem Spin
(0, 1, 2, ...) notwendig Bosonen sind. Fermionen und Bosonen,[7]
die so wenig unterscheidet, haben grundlegend verschiedene
Verhaltensweisen, besonders bei sehr tiefer Temperatur.

Der Begriff Quantenfeld

Durch Einführung dieses Begriffs wird es möglich, bestimmte
Resultate der Relativitätstheorie zu integrieren, so daß eine
erste Synthese zwischen dieser Theorie und der Quantenmechanik möglich wird.

Alles, was wir gern als „Welle" oder „Teilchen", als „Materie" oder „Strahlung" bezeichnen würden, reduziert sich auf
einen Anregungszustand eines Quantenfeldes, der nach der
Quantenfeldtheorie die einzige physikalische Realität darstellt. Diese ist darum aber noch nicht ein „wahres" Ding,
das wir uns ohne einen entsprechenden Formalismus vorstellen könnten. Sie ist der zentrale Gegenstand der neuen
Physik, aber ihre Eigenschaften sind mathematische: es
handelt sich um einen Operator, dessen Eigenwerte den
verschiedenen Resultaten entsprechen, die eine Messung
ergeben kann.

Die Quantenfelder, unerläßlich zur Beschreibung der Phänomene, entfalten sich nicht im gewöhnlichen Raum, sondern in abstrakten Räumen, die eine Verallgemeinerung des
gewöhnlichen Raums sind. Diese notwendigen Fachbegriffe
zeigen, daß die letzten Entitäten der Materie, soweit man
überhaupt über sie sprechen kann, nicht mehr viel mit den
Kügelchen zu tun haben, durch die man noch allzu häufig die
Teilchen darstellt – sei es aus Bequemlichkeit, sei es aus
einem falschen Streben nach Vereinfachung. Sie sind daher
weder durch Punkte noch durch geometrische Formen darzustellen. Kein bestimmter Ort kann als Ort des Teilchens
betrachtet werden (außer in einem ganz speziellen Fall, der

unmittelbar nach einer bestimmten Art von Messung gegeben ist).

Die meisten Physiker versuchen nicht einmal, dieses Quantenfeld zu interpretieren, das den Grundbegriff der modernen physikalischen Sichtweise bildet. Operational und bei einer bestimmten Art von Experiment kann man nämlich in der Regel auf eine Teilchenkonzeption zurückgreifen. Man kann der Physik eine atomistische Sichtweise, so unvollkommen und beschränkt sie auch sei, *aufzwingen*. Es gibt tatsächlich Messungen, die zeigen, daß ein Elektron sich an einem bestimmten Punkt im Raum aufhält. Irrig ist nur die Annahme, das Elektron habe vor der Messung existiert oder es stelle korrekt die Realität dar, die man zu erkunden sucht. Es läßt sich nicht vorhersagen, wo dieses Elektron erscheinen wird, doch zumindest kann man oft eine Aufenthaltswahrscheinlichkeit definieren, die aufgrund der Amplitude des Quantenfeldes an dem entsprechenden Punkt berechenbar ist.

Das alles hindert die Physiker nicht daran, weiterhin in Begriffen von Teilchen und ihren Wechselwirkungen zu denken und damit die einfache und anschauliche Sprache der klassischen (nicht-quantischen) Physik zu benutzen. Diesen Mißbrauch in Kauf nehmend, ist man zum Beispiel der Ansicht, die Wechselwirkungen würden durch Kräfte übertragen, wie wir sie gleich beschreiben werden – Kräfte, die man zu vereinheitlichen wünscht.

Die Quantenfeldtheorie fordert den völligen Verzicht auf diese Sprache und verbietet den Rückgriff auf einen allzu einfachen, der Intuition gemäßen Diskurs. Dafür bietet sie aber eine sehr viel synthetischere Weltsicht. Wir sprachen schon davon, daß sie die atomistische und die harmonische Sichtweise in einem Ausmaß miteinander versöhnt, daß es schwierig sein wird, die von ihr vorgeschlagene Synthese zu übertreffen. Darüber hinaus bietet sie eine einheitliche und kohärente Sicht aller Teilchen. Sie erlaubt es, die früher einmal fundamentalen Unterscheidungen zwischen den Teilchen und ihren Wechselwirkungen, zwischen der Materie und der Strahlung aufzuheben.

Teilchen und Wechselwirkungen

Der Atomismus der alten Griechen (Leukipp, Demokrit) hat im Laufe der Zeit die ungewöhnlichsten Wandlungen durchgemacht. Der mathematische Formalismus, bei dem er heute gelandet ist, hat mit seiner Urfassung nichts mehr gemein. Der Rahmen, in dem man heute die Teilchen und ihre Wechselwirkungen beschreibt, ist die Quantenfeldtheorie. Ihre Bestandteile sind einerseits die Quantenphysik, andererseits die spezielle Relativitätstheorie – zwei Theorien, die mit unseren vertrauten Vorstellungen brechen.

Als junger Zweig der Wissenschaft (sie begann mit unserem Jahrhundert) geht die Teilchenphysik auf eine sehr alte, bis zu den Griechen reichende atomistische Tradition zurück. Nach dieser Konzeption, von der es zahlreiche Spielarten gibt, besteht die Materie aus unteilbaren Entitäten, den Atomen, die mehr oder weniger dem modernen Konzept der Elementarteilchen entsprechen.[8] Der formelle Rahmen der modernen Physik ist zwar die Quantenfeldtheorie, doch arbeiten die Physiker, wie wir gesehen haben, weiter mit dem Teilchenbegriff, auch wenn das gegen wissenschaftliche Strenge verstößt. Sie erforschen die Teilchen, um sie zu ordnen und anhand ihrer Beziehungen die Einheit zwischen ihnen zu rekonstruieren, wobei die Zahl der wirklich elementaren Bausteine, also der unabhängigen Elemente, zurückgeht. Doch in den sechziger Jahren geriet die Teilchenphysik in ein finsteres Chaos. Die Beschleuniger wurden immer stärker, und die Experimentalphysiker entdeckten laufend neue (oft instabile) Teilchen, die die Theoretiker nicht stimmig zu ordnen wußten und deren Eigenschaften sie nicht in einer Synthese zusammenbrachten. Heute bietet die Teilchenphysik ein entspannteres Bild. Für diesen Wechsel sind zwei theoretische Entdeckungen verantwortlich. Die erste ist die Theorie der Quarks,[9] dank derer die Struktur jener Teilchen, die der sogenannten „starken" Wechselwirkung unterliegen, der Hadronen,[10] besser verstanden werden kann. Mit ihrer Hilfe konnte die Zahl der Elementarteilchen von mehreren hundert auf sechs Quarks reduziert werden. Die zweite betrifft zwei spezielle Wechselwirkungen, die elektromagnetische und die schwache nukleare Wechselwirkung. In den achtziger Jahren wurde erst theoretisch, dann auch experimentell bewiesen, daß sie nicht unabhängig voneinander sind. Diese Entdeckung, die als ein beträchtlicher theoretischer Fortschritt gilt, wird als ein erster Schritt in Richtung Vereinheitlichung der Naturkräfte interpretiert. Man vergleicht sie bisweilen mit dem Beitrag Maxwells, der gezeigt hatte, daß die Elektrizität und der Magnetismus nur zwei Aspekte einer einzigen elektromagnetischen Wechselwirkung sind.

Die Physiker führen mikroskopische Phänomene auf Wechselwirkungen zwischen Teilchen zurück (strenggenommen auf die mit ihnen verbundenen Quantenfelder, wie wir gesehen haben). Vier solcher Wechselwirkungen werden heute als fundamental anerkannt. Diese Klassifikation, die willkürlich erscheinen mag,[11] hat den ungeheuren Vorteil, zweckmäßig zu sein: Alle physikalischen Phänomene, die man heute kennt, können mit Hilfe der Gravitation und des Elektromagnetismus (diese beiden Wechselwirkungen treten in unserem makroskopischen Maßstab auf) sowie der nur auf mikroskopischer Ebene wirksamen nuklearen Wechselwirkungen beschrieben werden. Die eine, die man die „schwache" nennt, ist für bestimmte radioaktive Vorgänge verantwortlich; die andere, die man die „starke" nennt, verbindet die Bestandteile der Atomkerne. Ehe man sich die Hoffnung macht, eine vereinheitlichte Beschreibung von ihnen zu geben, sollte man wenigstens ihre Besonderheiten beobachten.

Die Gravitation

Diese „universelle Anziehung" beherrscht unser Alltagsleben. Sie ist für unser Gewicht ebenso verantwortlich wie für den Fall von Körpern zur Erde und die Bahn von Planeten. Auf den mikroskopischen Ebenen, mit denen sich die Teilchenphysik befaßt, kann man sie gänzlich vernachlässigen. Ihre Reichweite ist jedoch unendlich. Da sie ständig anziehend wirkt, ist sie kumulativ, das heißt proportional zur Zahl der beteiligten Teilchen, und so wird sie, auch wenn sie auf der Ebene der Teilchen sehr schwach ist, in unserem Maßstab – und erst recht im astronomischen und kosmologischen Maßstab – zur beherrschenden Kraft.

Viele Physiker meinen indes, daß die Gravitation auch im kleinsten Maßstab, weit unterhalb der Ebene der Elementarteilchen liegend, eine Rolle spielen könnte. Eine wichtige Rolle hat sie jedenfalls unter den außergewöhnlich verdichteten Bedingungen der Anfänge des Universums (Urknall) gespielt. Wegen der ungeheuren Materiekonzentrationen muß ihre Intensität damals auch im kleinsten räumlichen Maßstab vergleichbar oder sogar noch höher gewesen sein als die der übrigen Wechselwirkungen.

Leider können wir die Gravitationsphänomene gegenwärtig nur in größeren räumlichen Maßstäben beschreiben. Bei kleineren Maßstäben vermengen sich ihre Effekte nämlich mit den Quanteneffekten. Bisher (und es besteht Anlaß zu glauben, daß es so bleiben wird) hat die Gravitation sich jeder Beschreibung im Rahmen der Quantenphysik widersetzt. Nicht nur, daß es keine vereinheitlichte Beschreibung der Gravitation und der Quantenphänomene gibt – die beiden Theorien erweisen sich sogar als widersprüchlich. Man hat immer die freie Wahl, die eine oder die andere anzuwenden, doch kann man fast sicher sein, daß ihre Vorhersagen einander widersprechen werden. Das ist natürlich ein sehr starker Ansporn, nach einer Synthese zwischen den beiden Theorien zu suchen. Noch hat niemand eine Theorie der Quantengravitation vorschlagen können, ja nicht einmal eine Beschreibung der Gravitation, die mit den Quantenprinzipien zu vereinbaren wäre. Gegenwärtig widerspricht die Gravitation der Quantenphysik. Die moderne Physik beruht demnach auf einer dualen Basis.[12]

Der Elektromagnetismus, Quantenversion

Die elektromagnetische Wechselwirkung ist bald anziehend, bald abstoßend, je nach dem Vorzeichen der vorliegenden Ladungen. Theoretisch von unendlicher Reichweite, fallen, anders als bei der Gravitation, ihre Effekte auf große Entfernung fort, und zwar durch Ausgleichsprozesse, für die die elektrische Neutralität der Materie sorgt. In unserem Maßstab spielt sie eine beherrschende Rolle. Sie sorgt für die Kohäsion der Atome und Moleküle, so wie sie auch die chemischen Reaktionen und die Gesetze der Optik bestimmt.

Die meisten Teilchen sind elektrisch geladen oder, wie das Neutron, mit einem kleinen Magneten versehen. Also unterliegen sie den Gesetzen des Elektromagnetismus. Diesen beschreibt äußerst gut die Quantenfeldtheorie, genauer: einer ihrer Zweige, die „Quantenelektrodynamik". Die elektromagnetische Wechselwirkung wird von ihr gedeutet als Ergebnis des Austauschs von virtuellen Photonen, die als solche unmöglich zu entdecken sind.

Die starke [nukleare] Wechselwirkung

Die Stabilität der Atomkerne ist erstaunlich. Jedes Nukleon (Proton oder Neutron) ist so stark an den Kern gebunden, daß seine Bindungsenergie – also die Energie, die man aufbieten muß, um es herauszuholen – zig MeV[13] erreicht, also das Millionenfache der Bindungsenergie eines Elektrons in einem Atom. Woher kommt dieser Zusammenhalt? Die Protonen des Kerns, die alle positiv geladen sind, haben obendrein die Neigung, sich elektrisch abzustoßen und so den Kern zu zerstören. Was ist es, das diese enorme Abstoßung überwindet? Und wodurch werden die Neutronen, die keine elektrische Ladung haben, so stark im Kern festgehalten?

Die für diesen Zusammenhalt des Kerns verantwortliche Kraft, die weder mit dem Elektromagnetismus noch mit der Gravitation zu erklären ist, hat man „starke Wechselwirkung" getauft. Sie braucht extrem kurze Zeit, um sich zu manifestieren, rund 10^{-23} Sekunden (diese Zeit brauchen zum Beispiel bestimmte, sehr instabile Teilchen, „Resonanzen" genannt, um in andere, leichtere Teilchen zu zerfallen).

Die starke Wechselwirkung ist im kleinen Maßstab extrem stark, doch ist ihre Reichweite so begrenzt – rund ein Fermi[14] –, daß sie lediglich die Teilchen innerhalb des Kerns beeinflußt. In unserem Maßstab bleibt sie daher sehr unauffällig – zweifellos der Grund, warum sie erst im 20. Jahrhundert entdeckt wurde. Der starken Wechselwirkung unterliegen nur die erwähnten Hadronen; die anderen Teilchen, „Leptonen" genannt, merken nichts von ihr.

In diese ungeordnete Vielfalt kam inzwischen eine gewisse Ordnung und Übersichtlichkeit durch das Konzept der Quarks, die als Bausteine der Hadronen betrachtet werden. Ebenso wie man die Vielfalt der chemischen Substanzen auf molekulare Verbindungen zwischen hundert fundamentalen Elementen zurückführt, beschreibt man die Hadronen als Verbindungen aus sechs elementaren Quarks. Die korrekte Beschreibung greift allerdings auf die Quantenfeldtheorie zurück, und wenn man das Quark als einen Baustein des Hadrons begreift, so ist das lediglich eine bequeme Vorstellung, die aber strenggenommen falsch ist (man darf sich die Quarks nicht als ganz kleine Kügelchen vorstellen). Fest steht aber, daß die Wechselwirkungen zwischen den Hadronen im Rahmen dieser Theorie als Kombinationen von noch fundamentaleren Wechselwirkungen zwischen den sie konstituierenden Quarks erscheinen.

Ihre Beschreibung ähnelt ein wenig derjenigen der elektrischen Wechselwirkungen. Ist die Quelle der letzteren die elektrische Ladung, so bezeichnet man die Quelle der starken Wechselwirkung als „Farbladung".[15] So wie die elektromagnetische Wechselwirkung durch den Austausch von Photonen erfolgt, wird die starke Wechselwirkung durch Wechselwirkungsteilchen vermittelt, die wir Gluonen nennen. Der Name rührt daher, daß die Quarks aneinander „kleben", wenn man sie zu trennen versucht; da sie in die Hadronen eingesperrt sind, kann man sie nie im freien Zustand isolieren, was kaum zu vereinbaren ist mit der Vorstellung, die man sich zunächst von „elementaren" Teilchen macht. Ein isoliertes Quark ist nicht direkt feststellbar, aber man beobachtet Teilchenstrahlen, die aus mehreren Quarks bzw. Antiquarks bestehen. Man sagt, die Quarks „hadronisieren".

Die schwache [nukleare] Wechselwirkung

Diese Wechselwirkung ist, obwohl ebenfalls von sehr geringer Reichweite, ganz anders als die vorerwähnte. Sie ist, fast verschwindend, verantwortlich für die β-Radioaktivität, die ein Neutron in ein Proton, ein Elektron und ein Antineutrino zerfallen läßt.[16] Da das Proton im allgemeinen einem Atomkern angehört, manifestiert sich das Phänomen meistens dadurch, daß ein Atomkern ein Elektron emittiert. Diese Wechselwirkung spielt eine sehr wichtige Rolle, denn sie löst die thermonuklearen Reaktionen aus, dank deren die Sonne (wie alle anderen Sterne) die Energie erzeugen kann, von der wir leben, und das über Milliarden Jahre hinweg.

Ihre sehr geringe Reichweite – rund ein tausendstel Fermi – macht aus ihr gleichsam eine Kontakt-Wechselwirkung. Die charakteristische Dauer, die sie für ihre vollständige Manifestation benötigt, ist jedoch sehr viel länger als bei der elektromagnetischen und der starken Wechselwirkung. Sie wird deshalb oft von den letzteren, die schneller wirken, verdeckt.

Die schwache Wechselwirkung wird von massereichen Teilchen übertragen, die fast hundertmal schwerer sind als das Proton, den Trägerbosonen W^+, W^- und Z^0, die 1983 am CERN[17] entdeckt wurden. Die Existenz dieser drei Teilchen von sehr kurzer Lebensdauer war einige Jahre vorher von einer kühnen Theorie vorhergesagt worden, welche die elektromagnetische und die schwache Wechselwirkung in sich vereinte (so wie die Vereinigung von Elektrizität und Magnetismus die elektromagnetische Welle notwendig gemacht hatte). Wir beschreiben im nächsten Kapitel die wichtigsten

Aspekte dieser Vereinheitlichung, die um so spektakulärer ist, als die schwache und die elektromagnetische Wechselwirkung sich bei gewöhnlichen Energien extrem unterschiedlich verhalten. Ihre Prinzipien bestätigen die scheinbar naturwidrige theoretische Vereinigung des Photons mit der Masse null (für den Elektromagnetismus) mit den Trägerbosonen von erheblicher Masse (für den schwachen Teil).

Die Prinzipien dieser Vereinheitlichung sind restlos durch das Experiment bestätigt worden, zumindest in dem Energiebereich, den der LEP-Beschleuniger des CERN erreicht: Bei rund hundert GeV haben elektromagnetische und schwache Wechselwirkung vergleichbare Effekte. Bei gewöhnlichen, sehr viel niedrigeren Energien macht sich dagegen der Massenunterschied zwischen Photonen und Trägerbosonen bemerkbar, und die beiden Wechselwirkungen unterscheiden sich deutlich.

Die schwache Wechselwirkung zeichnet sich dadurch aus, daß sie nicht bestimmten elementaren Symmetrien gehorcht, welche die drei anderen Wechselwirkungen sorgfältig respektieren. Das gilt für die Paritätssymmetrie (siehe unten den Abschnitt über die Symmetrien), die von der schwachen Wechselwirkung und nur von ihr verletzt wird. Man hat noch nicht verstanden, woher diese überraschende Eigenschaft rührt.

Die Vereinigung der Kräfte

Die Mannigfaltigkeit, die nicht auf die Einheit rückgeführt ist, ist Konfusion.
Blaise Pascal

Die Beschreibung der bekannten physikalischen Welt reduziert sich also auf das Spiel von vier Wechselwirkungen. Sie allein bestimmen die Vielfalt all der Moleküle und Atome, die als Verbindungen von nur drei Arten von Teilchen (Protonen, Neutronen und Elektronen) zu begreifen sind. Doch damit möchten die Theoretiker es nicht bewenden lassen. Überzeugt, daß die Einheit der einfachste Ausdruck der Ordnung ist, träumen sie davon, die Beschreibung des physikalischen Universums noch stärker zu vereinheitlichen. Und im 20. Jahrhundert hat sich das Einheitsstreben vorwiegend als Streben nach Vereinheitlichung der Wechselwirkungen geäußert. Die Themen, die der Suche der Physiker nach Einheit zugrunde liegen, sind, wie Gerald Holton bemerkt hat,[18] aufs engste den Themen verwandt, über die sich die Philosophen des griechischen Altertums stritten.

Einstein überlegte zum Beispiel, ob die elektromagnetischen Effekte als eine geometrische Eigenschaft der Raumzeit aufgefaßt werden könnten. Bei der Gravitation hatte eine entsprechende Vorstellung gute Dienste geleistet. Elektromagnetismus und Gravitation haben eine gewisse Ähnlichkeit, und sei es nur, weil die Kraft sich umgekehrt proportional zum Quadrat der Lichtgeschwindigkeit verhält. In diesem Sinne schlugen Theodor Kaluza und Oscar Klein Anfang der zwanziger Jahre eine Theorie vor, in der die von Einstein angesprochene Möglichkeit zutreffen könnte. Sie führten zu diesem Zweck eine Raumzeit mit fünf statt vier Dimensionen ein, wobei die Krümmung der fünften Dimension im Einklang mit den Maxwellschen Gleichungen den Elektromagnetismus erzeugt. Um zu erklären, daß man einen Raum mit drei Dimensionen und folglich eine Raumzeit mit vier Dimensionen sieht, nahmen sie an, daß die fünfte Dimension in sich selbst zurückgekrümmt sei zu einer verschwindend kleinen Länge (der Planckschen Länge von 10^{-33} cm). So wie ein Gewebe, ein dreidimensionales Objekt, uns wegen der Dünne der Fäden zweidimensional erscheint, sollte der Anschein der Raumzeit eine real vorhandene Dimension eingebüßt haben. Diese Ideen wurden jüngst auf kompliziertere Weise wiederbelebt – in den String- und Superstringtheorien.

In der ersten Jahrhunderthälfte wurden weitere Versuche einer Vereinheitlichung unternommen, ohne daß ihnen mehr Erfolg beschieden war. Arthur Eddington schlug zum Beispiel im Jahr 1946 seine „Fundamentaltheorie" vor,[19] die sich auf die Idee eines Zusammenhangs zwischen mikro- und makroskopischen Phänomenen stützte und heute überholt ist, in der Teilchenphysik ebenso wie in der Kosmologie. Paul Adrien Maurice Dirac interessierte sich sehr für diese Fragen. Beeindruckt von den Koinzidenzen zwischen den „großen Zahlen", schlug er eine sehr sinnreiche Theorie vor, die gleichzeitig kosmologische und mikroskopische Phänomene erklärte. Sie gilt heute als überholt durch die Tatsache, daß eine ihrer Vorhersagen, die Variation der Gravitationskonstante G, nicht durch Beobachtungen bestätigt wurde. Die von Dirac vorgetragenen Ideen gehören gleichwohl zu den scharfsinnigsten, was die Zusammenhänge von Kosmologie und fundamentaler Physik angeht. Vielleicht werden sie wieder einmal auf die Tagesordnung kommen, dann aber sicher in einer von ihrem ursprünglichen Wortlaut abweichenden Form.

Die Physiker suchen jedenfalls weiterhin nach einer Möglichkeit, eine vereinheitlichte Beschreibung dieser vier Wechselwirkungen zu geben. Da deren Intensitäten mit dem räumlichen Maßstab oder, was auf das gleiche hinausläuft, mit der eingesetzten Energie variieren, glauben sie, es könne einen Energiebereich geben, in dem diese Intensitäten vergleichbar werden. Das ist der Leitgedanke der gegenwärtigen Vereinheitlichungsbemühungen. Es geht um die Formulierung einer vereinheitlichten Theorie, der zufolge jede dieser Wechselwirkungen als eine Facette einer einzigen generalisierten Wechselwirkung erscheinen würde.

Die Eichtheorien

Als James Clerk Maxwell 1864 die berühmten, nach ihm benannten Gleichungen veröffentlichte, wußte er, daß er Elektrizität und Magnetismus in einer Beschreibung vereint hatte, was schon eine Großtat war; er wußte hingegen nicht, daß die von ihm entdeckte mathematische Struktur die Physiker noch ein Jahrhundert später leiten sollte. Seine Gleichungen führten nämlich zu dem heute fundamentalen Begriff der Eichinvarianz.

Die Maxwellschen Gleichungen bringen als mathematische Größen sogenannte Potentiale ins Spiel, Funktionen von Raum und Zeit, aufgrund deren man im Rahmen der klassischen Physik die elektrischen und magnetischen Felder berechnen kann. Diese Potentiale sind als solche nicht direkt beobachtbar, denn die Maxwellschen Gleichungen bestimmen sie nicht absolut, sondern betrachten nur die Potentialunterschiede. Folglich kann man den Bezugspunkt dieser Potentiale, also ihren „Nullpunkt", beliebig ändern, ohne die Gesetze der Physik im geringsten zu ändern. Solche Potentialänderungen nennt man „Eichtransformationen", und von den Maxwellschen Gleichungen sagt man, sie seien „eichinvariant", weil sie von solchen Transformationen nicht beeinflußt werden. Ändert man den Bezugspunkt der Potentiale, so sieht es für diese Gleichungen so aus, als sei nichts geschehen.

Betrachten wir jetzt die Quantenelektrodynamik, die Quantenversion des Elektromagnetismus, die mit großer Genauigkeit die Phänomene beschreibt, bei denen zum Beispiel die Elektronen, ihre Antiteilchen (die Positronen) und Photonen auftreten. Ihre Gleichungen besitzen eine Eigenheit, die an das erinnert, was passiert, wenn man einen Punkt auf der Erdoberfläche auffinden will: auch dort muß man zunächst einen „Nullpunkt" definieren, einen Ursprung, von dem aus alle Orte gemessen werden. Die Teilchenphysiker müssen in ihren Gleichungen dasselbe tun: Sie beschreiben mathematisch die Teilchen, zum Beispiel das Elektron, durch das, was man ein „Quantenfeld" nennt, dem sie willkürlich eine Phase zuordnen müssen (ein Quantenfeld besitzt als komplexe Funktion eine Amplitude und eine Phase, ähnlich wie eine Welle).

Doch genauso wie die Geographen nicht wollen, daß die Entfernung zwischen zwei Städten davon abhängt, wo sie den Nullpunkt wählen, wünschen auch die Physiker, daß die Vorhersagen ihrer Theorie nicht von der Phase abhängen, die sie an jedem Punkt von Raum und Zeit willkürlich gewählt haben. Das ist der Kern des Prinzips der Eichinvarianz. Wenn sie es freilich dabei belassen, lediglich freie Elektronen und Positronen (ohne Wechselwirkung) zu beschreiben, bleiben ihre Wünsche unerhört: Die Rechenergebnisse hängen explizit von ihrer Wahl ab. Wie kann man diese ärgerliche Abhängigkeit beseitigen? Man braucht in den Gleichungen nur einen Zusatzterm einzufügen, das *Eichfeld*, das die Folge der willkürlichen Wahl, die bezüglich der Phase getroffen wurde, ausgleicht und damit insgesamt beseitigt. Das hier auftretende Eichfeld ist nun aber nichts anderes als das elektromagnetische Feld selbst. Dieses Resultat gibt dem Begriff der Wechselwirkung eine überraschende Deutung: Das Feld, das „von Hand" eingeführt wurde, um den Vorhersagen der Theorie alle Beliebigkeit zu nehmen, entpuppt sich ausgerechnet als jenes, welches der elektromagnetischen Kraft zugrunde liegt, die die Elektronen und die Positronen koppelt; es zeigt sich außerdem, daß diese Kraft übertragen wird durch den Austausch von charakteristischen Teilchen des elektromagnetischen Feldes, nämlich Photonen, und daß die Masse der letzteren nur null sein kann.

An diesem Beispiel sieht man, daß die Struktur einer Wechselwirkung sich direkt aus der gewählten Art von Eichinvarianz ergibt. Bei einer gegebenen Wechselwirkung geht es also darum, den sie determinierenden Typ von Eichtransformation zu finden. Im oben angeführten Fall geht es um den Elektromagnetismus, doch dasselbe Verfahren läßt sich mit wenigen Abwandlungen auch auf die anderen fundamentalen Wechselwirkungen der Physik anwenden, insbesondere auf die schwache Wechselwirkung (die für den Zerfall des Neutrons verantwortlich ist) und die starke Wechselwirkung (die für den Zusammenhalt der Atomkerne verantwortlich ist): Man fordert, daß die Gleichungen, welche diese Wechselwirkungen beschreiben, invariant bleiben, wenn man eine bestimmte, von Ort und Zeit abhängige Transformation auf sie anwendet, und man stellt fest, daß dieser Zwang – genau wie bei der Quantenelektrodynamik – sowohl die Form dieser Wechselwirkungen bedingt als auch die Teilchen bestimmt, die sie übertragen (die Bosonen W^+,

W⁻, Z^0 für die schwache Wechselwirkung, Gluonen für die starke Wechselwirkung).

Das Prinzip der Eichinvarianz ist somit ein sehr starkes dynamisches Prinzip. Dank seiner konnten in den siebziger Jahren auf spektakuläre Weise die elektromagnetische und die schwache Kernkraft in einem theoretischen Rahmen zusammengefaßt werden.

Die Eichtheorien stellen die jüngste Entwicklung der harmonischen Tendenz dar, von der schon die Rede war. Sie deuten die Wechselwirkungen nämlich im Sinne von Symmetrien, in einem Ansatz, der an Keplers Ansatz erinnert. Diese Symmetrien gelten freilich in einem Raum, der mit dem „realen" Raum nichts mehr zu tun hat, wodurch der abstrakte Charakter der Quantenphysik ganz deutlich wird.

Die Eichtheorien sind sehr wohl geometrische Theorien, allerdings nur im weitesten Wortsinne: Sie operieren in abstrakten Räumen, die unendlich viel komplexere Strukturen anzuwenden erlauben als der „gewöhnliche" Raum. Hier erleben wir, wie der Mathematiker Gilles Châtelet bemerkt,[20] den Triumph der Geometrisierung der Physik, der vor drei Jahrhunderten begann.

Die glänzende elektroschwache Vereinheitlichung

Der Elektromagnetismus und die schwachen Wechselwirkungen galten in den fünfziger Jahren als getrennte Wechselwirkungen, die offensichtlich „schon wegen ihrer Phänomenologie" grundverschieden waren. In der Tat unter- scheiden sie sich stark in Intensität und Reichweite. Beide Wechselwirkungen wurden jedoch in der jeweiligen Theorie auf befriedigende Weise beschrieben.

1957 entstand die Hoffnung, daß die schwachen Wechselwirkungen sich im gleichen Rahmen ausdrücken lassen wie der Quanten-Elektromagnetismus. Sie sollten „Boten" haben, die dieselbe Aufgabe erfüllen wie die Photonen, Boten, die man vorläufig als W-Teilchen bezeichnete. Es war bemerkenswert, daß die schwachen Wechselwirkungen überhaupt in den Rahmen der Eichtheorien fallen könnten, weil diese – auf Symmetrien basierenden – Theorien den Physikern wegen der schon erwähnten Harmoniegründe angenehm sind. Und es war verlockend, mehrere Wechselwirkungen in einem gemeinsamen Rahmen zu beschreiben. Da kamen die Physiker Sheldon Glashow, Abdus Salam und Steven Weinberg auf den Gedanken, daß man auf diese Weise vielleicht den Elektromagnetismus und die schwache Wechselwirkung vereinheitlichen könnte. Dazu mußten allerdings – das zeigten ihre Arbeiten bald – etliche Zusatzhypothesen eingeführt werden, aber es erschien machbar. In Kauf nehmen mußte man dafür die Existenz neuer Teilchen: einen dritten Boten, das Trägerboson Z^0, und ein Teilchen ganz anderer Art, das Higgs-Boson.[21]

Die ersten experimentellen Bestätigungen dieser neuen elektroschwachen Theorie erhielt man 1973 am CERN, dank des Gargamelle-Detektors, der die „neutralen Ströme" nachwies, die die Existenz der Z^0-Teilchen bezeugten, bis Carlo Rubbia und seine Mitarbeiter 1983 die W- und Z^0-Bosonen direkt nachwiesen.

Über den Status der elektroschwachen Theorie sind sich die Physiker noch nicht einig geworden. Handelt es sich wirklich um eine Vereinheitlichung, oder werden hier bloß unterschiedliche Gesetze verknüpft? Auf jeden Fall scheint die Theorie über die Ebene des Formalismus nicht hinauszukommen. Elektromagnetismus und schwache Wechselwirkung bleiben trotz der Beschreibung durch eine gemeinsame Theorie klar geschieden. Zudem erfordert die Theorie die Anpassung von achtzehn unabhängigen Parametern, was für viele Physiker ein schwerwiegender Mangel ist (man fühlt sich an die Epizyklen erinnert). Es ist sicherlich angenehm, wenn man, wie es diese Theorie nahegelegt, das Elektron und das Neutrino (beziehungsweise die Quarks d und u) als zwei verschiedene Zustände eines und desselben Teilchens betrachten kann. Doch das bleibt Formsache, und kein Physiker kann umhin, diese beiden Teilchen, die sich in ihren Merkmalen (insbesondere ihren Massen) sehr unterscheiden, als wirklich verschiedene Teilchen zu betrachten.

Die von der elektroschwachen Theorie beschworene Symmetrie vereint die Symmetrie des Elektromagnetismus mit derjenigen der schwachen Wechselwirkung. Ganz einfach angewandt, fordert sie die Existenz von vier Trägerbosonen, alle mit der Masse null. Nun ist zwar das Photon ohne Masse, nicht aber sind dies die in Beschleunigern erzeugten Trägerbosonen der schwachen Wechselwirkung. Diese drei Vermittler der schwachen Wechselwirkung haben eine beträchtliche Masse. Um eine solche Differenzierung zu begreifen, müssen der Theorie ad hoc einige zusätzliche Elemente eingefügt werden, was sie sehr unhandlich macht.

So haben in den letzten Jahrzehnten einige Physiker vorgeschlagen, daß die fundamentale Symmetrie der neuen Theorie „spontan gebrochen" wurde, durch einen ganz eigentümlichen Mechanismus, der sich sehr früh in der Geschichte des Universums abgespielt habe. Er soll die Symmetrie, die bis dahin existierte, zerstört haben, und von ihr soll nur noch ein Phantom, eine Restsymmetrie, übriggeblieben sein. Verantwortlich dafür war ein hypothetischer „Higgs-Brout-Englert-Mechanismus", benannt nach den drei Physikern, die ihn erfunden haben. Seine Existenz würde die Massen der W- und Z-Bosonen erklären.[22] Durch Brechung der Symmetrie läßt dieser Mechanismus die beiden Wechselwirkungen auseinandertreten.

Den meisten Physikern bleibt dieser komplexe Mechanismus vollkommen unverständlich, und niemand hat bisher eine überzeugende Begründung oder Erklärung geliefert, nicht einmal seine Autoren. Dennoch vermag er die Beobachtungen gut zu erklären. Er konnte sogar die Massen der Trägerbosonen lange vor ihrer Entdeckung vorhersagen. Allerdings impliziert er die Existenz eines zusätzlichen Feldes, so daß man ein mit ihm verknüpftes Teilchen, das Higgs-Boson, unter bestimmten Bedingungen beobachten müßte. Sein Verhalten steht nach der Theorie fest, doch seine Existenz bleibt experimentell nachzuweisen. Seine zunächst beliebig große Masse darf der Theorie zufolge ein TeV nicht übersteigen. Das ist genau der Energiebereich, den der große ringförmige Protonen-Beschleuniger des CERN, der LHC (Large Hadron Collider), künftig abdecken wird.[23]

Anmerkungen

[1] Siehe zum Beispiel Étienne Klein, *La physique quantique*.

[2] I. Stengers, *Cosmopolitiques*, Tome 4: *Mécanique quantique: la fin du rêve*, S. 72.

[3] A. Einstein, B. Podolsky und N. Rosen, „Can quantum mechanical description of physical reality be considered complete?"

[4] Eine kritische Analyse der vorgetragenen Interpretationen findet man in B. d'Espagnats bemerkenswertem Buch *Le Réel voilé*.

[5] Diese Theorie, deren erste Version auf das Jahr 1952 zurückgeht, ist heute das Musterbeispiel einer Theorie mit verborgenen Variablen. Sie reproduziert die Resultate der Quantenphysik. Ihre Grundidee besteht in der Annahme, daß die Teilchen echte Korpuskeln sind, die in ihrer Bewegung von einer Welle geführt werden. Diese Führungswelle spielt die Rolle eines Informationsfeldes, das der Korpuskel die Bahn vorschreibt, wie eine Funkmeldung, die einem Schiff den Befehl übermittelt, seinen Kurs zu ändern.

[6] Nach der klassischen (nicht-quantentheoretischen) Physik besitzt ein rotierendes Objekt mit einer Masse und einem Volumen, die von Null verschieden sind, einen Drehimpuls, der der Masse und der Rotationsgeschwindigkeit proportional ist. Der Spin übersetzt diesen Sachverhalt gewissermaßen in den Bereich der Quantenphysik. Aber aufgepaßt: Die Teilchen, welche die Quantenphysik beschreibt, sind etwas völlig anderes als die Objekte der klassischen Physik, und man darf sie sich nicht als kleine Kreisel vorstellen, die sich rasend um sich selbst drehen, denn das würde zu Widersprüchen führen. In der klassischen Physik können sich die Komponenten der Geschwindigkeit, welche die Projektionen der Geschwindigkeit auf die Bezugsachsen messen, stetig ändern, also jeden beliebigen Wert annehmen. Anders ist es bei den Spinkomponenten, die Projektionen auf unterschiedliche Bezugsachsen sind: Die Messung der Spinkomponenten kann nur eine endliche (ganzzahlige) Zahl von Werten ergeben. So kann der Spin eines Elektrons, in einer beliebigen Richtung gemessen, nur zwei Werte annehmen: entweder $h/4\pi$ oder $-h/4\pi$, wobei h die Planck-Konstante

ist. Diese beiden entgegengesetzten Werte entsprechen gegensätzlichen Drehrichtungen.

[7] Die Bosonen widerlegen das Prinzip der Identität der Indiscernibilien, ein wichtiges Prinzip in der Philosophie Leibniz' (*Neue Abhandlungen über den menschlichen Verstand*, 2. Buch, Kap. XXVII, v.a. § 3), für den zwei reale Wesen einander niemals gleich sind. Es gibt Fälle, in denen N Bosonen strikt im gleichen Quantenzustand sind, ohne daß man es mit ein und derselben Entität zu tun hätte; die Zahl N dieser Teilchen ist sehr wohl eine „Observable", auch wenn die Teilchen nicht voneinander zu unterscheiden sind.

[8] Das Atom der modernen Physik hat mit der Vorstellung, die sich die Griechen von ihm machten, fast nichts gemein. Vor allem ist es, anders als sein Urmodell, nicht unteilbar.

[9] Nach der Theorie der Quarks sind die Protonen und Neutronen zusammengesetzte Teilchen. Sie bestehen aus noch kleineren Teilchen, den Quarks. Das Proton besteht aus zwei u-Quarks und einem d-Quark, das Neutron aus zwei d-Quarks und einem u-Quark; u steht für *up, d* für do*wn*. Die u- und d-Quarks besitzen ungleiche elektrische Ladungen mit gebrochenen Werten. Nimmt man als Einheit der elektrischen Ladung die Ladung des Protons, so beträgt die Ladung des u-Quarks 2/3 und die des d-Quarks –1/3. Addiert man 2/3, 2/3 und –1/3, so erhält man + 1 für das Proton; und addiert man –1/3, –1/3 und 2/3, so erhält man 0, die Neutralität der elektrischen Ladung des Neutrons.

[10] Die berühmtesten Hadronen sind das Proton und das Neutron, Bausteine des Atomkerns und damit der gewöhnlichen Materie, sowie das Pion, auch π-Meson genannt, das die Protonen und Neutronen innerhalb des Kerns ständig untereinander austauschen.

Man kennt über 350 Hadronen, die entweder in der kosmischen Strahlung oder durch Hochenergie-Experimente in großen Teilchenbeschleunigern entdeckt wurden. Einige Hadronen sind elektrisch geladen, andere nicht. Mit Ausnahme des Protons sind alle instabil, das heißt, daß sie alle zerfallen. Die Lebensdauer kann sehr kurz sein (in manchen Fällen beträgt sie 10^{-20} Sekunden oder weniger).

Die Hadronen zerfallen in zwei Kategorien, die vom Wert ihres Spins abhängen. Der Spin eines Teilchens kann, wie gesagt, ganzzahlig (0, 1, 2, 3, ...) oder halbzahlig sein (ungerade Zahl, geteilt durch 2: 1/2, 3/2, ...): Die Hadronen mit halbzahligem Spin, so das Proton und das Neutron, heißen „Baryonen", die Hadronen mit ganzzahligem Spin oder Spin 0, so das Pion, heißen „Mesonen".

[11] Siehe zum Beispiel A. Salam, *La Grande Unification.*

[12] Henri Poincaré hatte seinerzeit verkündet, daß die mathematische Physik berechtigt sei, das Joch einer allzu starren Logik abzuschüt-

teln: „Man sollte sich nicht einbilden, jeglichen Widerspruch vermeiden zu können, doch man muß sich entschließen. Zwei widersprüchliche Theorien können nämlich, vorausgesetzt, man vermengt sie nicht und sucht in ihnen nicht das Wesen der Dinge, durchaus alle beide nützliche Forschungsinstrumente sein..." (Henri Poincaré, *Electricité et Optique*, I. Les théories de Maxwell et la théorie électromagnetique de la lumière, Einleitung, S. IX). Das Problem ist, daß es Situationen gibt, in denen man, namentlich wenn sehr große Energiedichten vorliegen, die Errungenschaften der Quantenphysik und die der allgemeinen Relativität miteinander vermengt.

[13] Das Elektronvolt (eV) ist die Energieeinheit, mit der die Teilchenphysiker arbeiten. Es entspricht der Energie, die ein Elektron erreicht, wenn es die Spannung von 1 Volt durchläuft. (Ist es anfangs in Ruhe, so bringt diese Beschleunigung seine Geschwindigkeit auf 600 km/s.) Eine Million eV sind ein MeV, eine Milliarde eV sind ein GeV und tausend Milliarden eV ein TeV.

[14] Ein Fermi entspricht 10^{-15} m oder einem Millionstel Milliardstel eines Meters. Das ist die Dimension eines Nukleons (Protons oder Neutrons).

[15] In der Teilchenphysik hat das Wort „Farbe" einen ganz eigentümlichen Sinn, der mit der Alltagsbedeutung wenig zu tun hat. Die Farbe ist ein Attribut, das den Quarks als Elementarteilchen zugeschrieben wird. Wenn die Quarks eine Farbe tragen, heißt das nicht, daß sie tatsächlich gefärbt sind. Es ist nur eine analoge Bezeichnung für eine Art Etikett, das sie tragen; die starke Wechselwirkung beruht auf der Farbe, so wie die elektromagnetische Wechselwirkung auf der elektrischen Ladung beruht. Während es aber nur zweierlei elektrische Ladungen gibt, positive und negative, besitzen die Quarks drei mögliche Farben, die man willkürlich als blau, rot und grün bezeichnet.

Auch wenn sie hier nicht erklärt werden, ist doch zumindest ersichtlich, warum die aktuelle Theorie der starken Wechselwirkung Quanten*chromo*dynamik heißt. Sie macht verständlich, daß die Quarks nicht isoliert zu beobachten sind. Feststellbar sind nur ihre farblosen Kombinationen. Es gibt von ihnen zwei Arten: Entweder verbindet sich ein Quark mit einem Antiquark zu einem Meson, oder drei Quarks verbinden sich zu einem Baryon, wie es das Proton oder Neutron ist. Diese Verbindungen tragen keine Farbe: Ein Meson, das zum Beispiel aus einem roten Quark und einem Antiquark von der Komplementärfarbe („antirot") gebildet wird, ist aufgrund der Konstruktion farblos; auch die drei Quarks, die rot, blau und grün sind und sich in einem Proton drängeln, bilden eine Gesamtheit, die ohne Farbe und daher beobachtbar ist.

(Man denke an das, was zu sehen ist, wenn man ein farbiges Rad dreht.)

[16] Anfang der dreißiger Jahre erschien der β-Zerfall sehr rätselhaft. Die vom Elektron emittierte Energie kann einen beliebigen Wert aus einem breiten Intervall annehmen, was mit der Vorstellung, daß der Kern in lediglich zwei Körper zerfällt, unvereinbar ist. Erst Pauli und dann Fermi postulierten die gleichzeitige Emission eines dritten, masselosen Teilchens, das sie „Neutrino" nannten. Dieses Phantomteilchen unterliegt allein der schwachen Wechselwirkung. Zum Zeitpunkt seiner Erfindung so etwas wie ein Artefakt, wurde das Neutrino erst 1955, also sehr viel später, entdeckt.

[17] Das CERN ist die 1954 gegründete Europäische Organisation für Kernphysik. Sie befindet sich in Genf.

[18] Vgl. G. Holton, *Thematische Analyse der Wissenschaft*.

[19] Vgl. Eddingtons Titel *Fundamental Theory*.

[20] *Aspects philosophiques et physiques de la théorie des jauges*.

[21] Wie wir gesehen haben, stützt sich das „Standardmodell" bei der Behandlung der Wechselwirkungen auf das Prinzip der Eichinvarianz. Aus diesem Prinzip folgt, daß die Wechselwirkungs-Teilchen eine Masse *null* haben müssen. Das ist auch der Fall beim Photon, aber nicht bei den Teilchen W^+, W^- und Z^0, deren Masse sehr hoch ist (fast das Hundertfache der Masse des Protons). Dieser Widerspruch war nur aufzulösen unter Berufung auf eine „spontane Symmetriebrechung". Diese soll sehr früh in der Geschichte des Universums durch einen Prozeß eingetreten sein, den sogenannten „Higgs-Mechanismus", der den anfangs masselosen Teilchen W^+, W^- und Z^0 eine Masse zu erteilen vermochte. Im Standardmodell postuliert, müßte dieser Mechanismus Spuren hinterlassen haben in Gestalt eines zusätzlichen, noch zu entdeckenden Teilchens, des Higgs-Bosons.

[22] Er besteht darin, ein zusätzliches Feld einzuführen, das elektrisch neutral ist und auf die schwache Wechselwirkung anspricht. Dieses „Higgs-Feld" verbindet sich mit den Trägerbosonen W^+, W^- und Z^0, um ihnen eine Masse zu verleihen, aber nicht mit dem Photon, so daß seine Nullmasse erhalten bleibt.

[23] Erwogen wird auch (freilich für später) der Bau eines linearen Elektron-Positron-Beschleunigers mit Energien von rund 500 GeV (0,5 TeV). Auf die Protonen kommt es dabei gar nicht an: Die bei ihren Kollisionen auftretende Energie ist um *eine* Größenordnung geringer als die Energie der Protonen selbst, die sie ja zwischen ihren Quarks und Gluonen aufteilen müssen; die Elektronen, die keine Substruktur aufweisen, kennen dieses Handikap der zusammengesetzten Teilchen nicht. Ihre Kollisionen sind daher naturgemäß einfacher als die der Protonen.

5 Von der Einheit der Physik

Die Kohärenz ist die Tugend der Dummen.
Oscar Wilde

Die Wissenschaft hat von Anfang an die Universalität gefordert und so gesprochen, als sei sie eine Tatsache. Ein jegliches Thema, so verkündete Buffon, sei eins, und so umfassend es auch sei, könne es doch in einem einzigen Diskurs enthalten sein. So auf die Vereinheitlichung ausgerichtet, bietet die Wissenschaft einen der wirksamsten Erkenntnismodi, dessen Leistungsfähigkeit unaufhörlich gewachsen ist. Heute scheint sie indes in ganz spezialisierte Bereiche zerfallen zu sein, aus differenzierten Fächern bestehend, die bisweilen untereinander verbunden sind, zumeist aber nichts voneinander wissen, so als seien in ihrem Schoß abgeschlossene, quasi autonome „Reservate" entstanden. Oft können sich die Forscher der verschiedenen Disziplinen kaum untereinander verständigen. Es scheint, als folge die Wissenschaft einer der Integration entgegengesetzten Tendenz: Während sie behauptet, sich in ihrem Inhalt zu einen, spaltet sie sich in ihren Strukturen auf.

In der Physik liegt dieser Widerspruch auf der Hand. Das Streben nach Einheit lag ihrer Entstehung und etlichen erfolgreichen Etappen ihrer Entwicklung bis ins 20. Jahrhundert zugrunde. Aber ist dieses Einheitsstreben eine unausweichliche, zeitlose Begleiterscheinung des wissenschaftlichen Vorgehens? Oder sind das bloß vergängliche Episoden, die lediglich von historischem Interesse sind?

Die Physik von heute hat tausend Gesichter: Mechanik, Teilchenphysik, Atomphysik, Astrophysik usw., alles Disziplinen, die jeweils eine gewisse Vereinheitlichung aufweisen, ohne daß man deshalb von einer umfassenden Einheit der Physik sprechen könnte. Wir besitzen kein Weltbild, das wirklich vereinheitlicht, also eindeutig statt mehrdeutig wäre. Jede Disziplin spezialisiert sich, um einen bestimmten Teil der Welt zu erkunden, bietet aber keinen Weg, um seine Hypothesen, seine Grundbegriffe und seine Resultate mit denen der anderen Disziplinen zu verknüpfen. Die wissenschaftliche Strenge müssen wir, so scheint es, mit einer Zersplitterung der Perspektiven bezahlen. War also alles ein einziger Mißerfolg, und müssen wir zu dem Schluß kommen, daß der Vorstoß zur Einheit in der Physik nicht gelungen ist?

Die Vereinheitlichung der Objekte der Physik

Eine Wissenschaft von den Körpern insgesamt und damit von Objekten, die bis zum 17. Jahrhundert nicht mehr gemeinsam hatten als gewagte und tastende Analogien, schien die Physik – so sah es nach der Geburt der Mechanik aus – im Zeichen der mathematischen Theoretisierung zu einer raschen gesetzlichen Einheit bestimmt. Getrieben von dem ehrgeizigen kartesianischen Programm, überschritt die Physik zunächst die Grenzen, die ihr dann seit dem 18. Jahrhundert gezogen wurden zugunsten der Entwicklung und Spezifikation der Wissenschaften vom Leben, die ohne Rückgriff auf die Mathematik erfolgten. In seiner enzyklopädischen Klassifikation der Wissenschaft unterschied d'Alembert die hochgradig rationalisierten *physikalisch-mathematischen Wissenschaften*[1] von den *speziellen Physiken,* die lediglich empirische Phänomene und schlicht faktische Gegebenheiten betrafen. Die Objekte der einen wie der anderen wurden auf je eigene Weise vom Verstand aufgefaßt; dieser sollte sie „so einfach und so abstrakt, wie es möglich ist" betrachten und „in diesem Objekt nichts vermuten und annehmen als die Eigenschaften, welche die Wissenschaft selbst in ihnen darstellt und vermutet".[2] Die Objekte, die sich auf diese abstrakteste Weise darstellen ließen, waren am ehesten einer vollständigen Erklärbarkeit zugänglich. „Dieses Privileg der rationalen Wissenschaften", schreibt Michel Paty, „sollte sich bald sehr viel weiter erstrecken, als d'Alembert gedacht hatte: Die Elektrizität, der Magnetismus, die physikalische Optik, die Thermodynamik und selbst die Chemie konnte bald darauf diesen Status für sich beanspruchen. Die ‚speziellen Physiken' im Sinne d'Alemberts gibt es überhaupt nicht mehr oder höchstens außerhalb der Physik im modernen Sinne. Deren einzelne Wissenszweige haben heute offenbar das gemeinsam, daß sie stark mathematisiert sind, zumindest was ihre Konzepte und die allgemeine Form ihrer Gesetze angeht."[3]

Es wird somit allgemein angenommen, daß die einzelnen Objekte, welche die verschiedenen Zweige der Physik betrachten, in Wirklichkeit nur ein einziges Objekt bilden, zumindest theoretisch und in der Perspektive einer vollendeten Erkenntnis. Man hat sich darauf geeinigt, dieses eine Objekt „die Materie" zu nennen. Jede Disziplin geht sie unter einem bestimmten Blickwinkel an, doch man nimmt an, daß alle diese Blickwinkel zusammen ein vollständiges Bild des Objekts der Physik ergeben. Diese Einheit des Objekts der Physik ist, wie wir noch sehen werden, in der Praxis schon Realität, denn im Studium der einzelnen Zweige der Physik greift man auf alle anderen zurück.

Die Vereinheitlichung der physikalischen Disziplinen

Die Einheit der Physik und ihr Ziel werden je nach Epoche ganz unterschiedlich wahrgenommen. Max Planck war 1908 der Ansicht, die Physik sei im großen und ganzen auf zwei Hauptzweige zurückgeführt, einerseits die Mechanik und andererseits die Elektrodynamik. In beiden Zweigen war tatsächlich eine „horizontale Vereinheitlichung" erreicht, um Eduardo Amaldi zu zitieren.[4] Nun fragte Planck nach ihrem Zusammenhang. Die Tatsache, daß Körper elektromagnetische Strahlung emittierten beziehungsweise absorbierten, schien auf einen Zusammenhang hinzudeuten. Die Emission von Strahlung durch die Atome hatte also etwas mit der Vereinheitlichung der Physik zu tun. Mit der Reduktion des einen

Zweiges auf den anderen oder ihrem bloßen Nebeneinander war diese Vereinheitlichung aber nicht zu erreichen. Max Planck suchte die Lösung freilich noch im Rahmen der geltenden Theorie und vermied es, dem Wirkungsquantum, das er selbst im Jahr 1900 eingeführt hatte, eine fundamentale Bedeutung zuzuschreiben. Letztlich wird man die Vereinheitlichung nur durch eine völlige Verkehrung der theoretischen Betrachtungsweise und eine Modifikation der Begriffe erreichen.

Dieses Beispiel zeigt, daß sich in einem bestimmten Stadium der horizontalen Vereinheitlichung, also der Verschmelzung von bisher getrennten Zweigen der Physik, eine Kluft auftut, die nur durch eine tiefgreifende Umwälzung zu überwinden ist. Diese Umwälzung mündet in eine einheitliche Erklärung der bisherigen Problematik: Die Quantenphysik faßt Materie und Strahlung in ein und derselben Darstellung zusammen. Diese Vereinheitlichung hat sich in der Tiefe vollzogen, denn die Begriffe, zu deren Klärung sie beiträgt, sind gleichzeitig in so verschiedenen Bereichen wirksam wie der Festkörperphysik und der Teilchenphysik, so daß es nun auch zu einer gewissermaßen „vertikalen" Vereinheitlichung kommt.

Ein universaler Ansatz?

> [...] der Geist der Wissenschaft [wird] bis an seine Grenze geführt [...] und sein Anspruch auf universale Gültigkeit durch den Nachweis jener Grenzen vernichtet [...].[5]
> *Nietzsche, Die Geburt der Tragödie*

Es ist gewiß ermutigend, von der „Universalität der Wissenschaft" zu sprechen, doch muß man sich davor hüten, diesen Ausdruck allzu enthusiastisch zu deuten. Es gibt keine fundamentalen Wahrheiten, keine übermächtigen Ideen, von denen sich alle Entdeckungen herleiten, keinen zentralen Begriff, mit dem sich Atome und Galaxien, Gene und Zellen usw. erklären ließen. Die Vernunft denkt die Welt nicht mehr mit Hilfe eines einheitlichen Systems von Kategorien. Die Universalität der Wissenschaft beruht vor allem auf der Existenz einer Gemeinschaft von Wissenschaftlern, auf einem ihnen gemeinsamen Verfahren, an Problemlösungen zu arbeiten.

Michel Paty erklärt, die Einheit der Physik sei nicht nur die Einheit der gelungenen Synthese, nicht nur die berühmte einheitliche Feldgleichung, auf welche Einsteins letzte Anstrengungen zielten; eine solche Synthese wäre – sollte sie eines Tages gelingen – heute sicherlich verfrüht. Deutlicher sei die Einheit aber als Forderung und Bewegung, und in diesem Sinne sei sie bereits Wirklichkeit, Teil des Bildungsprozesses der Erkenntnis in der Physik.[6] Wir werden dieser Bewegung folgen und zwei Bereiche unterscheiden, die sich für die Vereinheitlichung der Physik anbieten. Zum einen geht es um die Erkenntnisse, um eine synthetische Vision. Auf dieser Ebene ist heute keine Vereinheitlichung erreicht, jedenfalls nicht vollständig. Zum anderen geht es um Methoden, um Verfahren, um den Ansatz. Hier scheint die Vereinheitlichung teilweise verwirklicht zu sein, wodurch die Physik, wenn nicht die Wissenschaft insgesamt, jenes Mindestmaß an Einheit erhielt, das ihre Identität garantiert. Die einzelnen Disziplinen, aus denen sie sich zusammensetzt, liefern zwar keine gemeinsame und einheitliche Erklärung der Dinge, aber sie widmen sich doch vergleichbaren Aufgaben, wenden analoge Verfahren an, auch wenn sie sehr unterschiedliche Systeme studieren. Dies gilt zum Beispiel für die Rolle der Mathematik, des Experiments und der Beobachtung, die Berufung auf die Ideen der Harmonie und der Symmetrie, die Verfahren zur Validierung der Resultate.

In all diesen Ähnlichkeiten liegt sicherlich der wichtigste Faktor der Einheit der Wissenschaft, dem die wissenschaftliche Gemeinschaft ihre geistige Homogenität verdankt. Die Wissenschaftler bilden auf diese Weise das Musterbeispiel einer Gruppe, die Jürgen Habermas als eine „Kommunikationsgemeinschaft" bezeichnet hat und die ihre Existenz allein dem Geist der Zusammenarbeit verdankt. In dieser

Gemeinschaft können Ideen ungehindert zirkulieren, auch wenn es manchmal lange dauert. Die Geschichte der Wissenschaft und besonders der Physik ist reich an Beispielen für die fruchtbare Begegnung von Ideen, die in abgesonderten Bereichen entstanden waren. Die Einheit der Physik beziehungsweise der Wissenschaft ist also vor allem die Einheit derer, die sie praktizieren, die beschlossen haben, Protokolle, Sprache und Mythen miteinander zu teilen. Es ist deshalb, wie Julien Benda bemerkt hat, „sehr bezeichnend, daß die Nationen, wenn sie ihrer Besonderheit Ausdruck geben und sie den anderen ins Gesicht schleudern wollen, mit ihren Dichtern oder Künstlern auftrumpfen, sehr selten dagegen mit ihren Gelehrten oder Philosophen, die sie offenbar als ein Element empfinden, das mehr die Ähnlichkeit als die Gegensätze zwischen Menschen sichtbar macht".[7] Gewöhnlich erscheint die Wissenschaft als Verkörperung der Vernunft, und von ihr, der Vernunft, stammt ihre Fähigkeit, die kulturellen und ideologischen Grenzen ebenso wie die Zufälligkeiten der Zeitlichkeit und des Wandels zu überschreiten: „Die Wissenschaft", erklärte Frédéric Joliot-Curie, „ist ein fundamentales Element der *Einheit* zwischen den Denkweisen der über die Erde verstreuten Menschen. Es gibt, glaube ich, keine andere menschliche Tätigkeit, bei der die Übereinstimmung zwischen den Menschen so sicher erreicht wird."[8]

Wir sagten schon, daß Descartes als einer der ersten die herkömmliche Vorstellung verwarf, die einzelnen Wissenschaften seien etwas Spezifisches. Sie sollten vielmehr eine konstitutive Einheit bilden, in der jede als eine Disziplin des Geistes die Einheit des menschlichen Denkens ausdrückte. „An Stelle eines Ensembles von unterschiedlich gearteten Wissenschaften mit einem je eigenen räumlichen Grad der Abstraktion und der Intelligibilität, je eigenen Prinzipien und Verfahren und einem je eigenen Modus der Gewißheit haben wir eine einzige universelle Wissenschaft, die vollkommen eins ist, eins wie die Erkenntnis Gottes, der alles in seinem Wesen erkennt."[9] Max Planck bringt im 20. Jahrhundert einen ganz ähnlichen Gesichtspunkt zum Ausdruck wie Descartes.

Für ihn bestand die eigentliche Aufgabe der Wissenschaft darin, mit menschlichen, relativen und sich entwickelnden Mitteln absolute, universelle, invariante Realitäten zu erfassen. Unsere Messungen, unsere Instrumente, unsere Experimente haben gewiß etwas Spezifisches. Doch gilt es aus „allen diesen Daten [...] das Absolute, Allgemeingültige, Invariante herauszufinden, was in ihnen steckt".[10] Betrachten wir zum Beispiel den Bereich der Elementarteilchen. Sein Fortschritt erfordert heute Erkenntnisse aus allen anderen Disziplinen, schon weil seine experimentelle Durchführung sich auf das gesamte theoretische und technische Wissen der einzelnen Bereiche der Physik stützt. In diesem Sinne kann man also sagen, daß die gesamte Physik in jedem ihrer Zweige enthalten sei.

Dennoch fällt es schwer, eine universelle und geschichtslose Beschreibung der Methoden und Normen der Wissenschaft zu formulieren. Das hängt auch damit zusammen, daß die Wissenschaft – nach Gaston Bachelard – durch den Wechsel der Methode immer methodischer wird. Ist aber eine wechselnde Universalität noch universell?

Nein, erwidert Paul Feyerabend (1924–1994), der aus seiner ätzenden Kritik an den modernen Methodologien – von Rudolf Carnap über Karl Popper bis Imre Lakatos – radikale Konsequenzen zieht. Wenn man, wie es ihm notwendig erscheint, die Pluralität der Standpunkte berücksichtigt, muß man schon den bloßen Gedanken einer Regel verwerfen: „Es ist also klar, daß der Gedanke einer festgelegten Methode oder einer feststehenden Theorie der Vernünftigkeit auf einer allzu naiven Anschauung vom Menschen und seinen sozialen Verhältnissen beruht. Wer sich dem reichen, von der Geschichte gelieferten Material zuwendet und es nicht darauf abgesehen hat, es zu verdünnen, um seine niedrigen Instinkte zu befriedigen, nämlich die Sucht nach geistiger Sicherheit in Form von Klarheit, Präzision, ‚Objektivität‘, ‚Wahrheit‘, der wird einsehen, daß es nur *einen* Grundsatz gibt, der sich unter *allen* Umständen und in *allen* Stadien der menschlichen Entwicklung vertreten läßt. Es ist der Grundsatz: *Anything goes (mach, was du willst)*."[11] Die Vernunft, die angeblich den wissenschaftlichen Fortschritt lenkt, ist bloß ein abstraktes Monstrum, ähnlich wie die Götter der Mythologien. Aus der Tatsache, das es keinen Algorithmus für die Entdeckung der Wahrheit gibt, folgert Feyerabend, daß schon die Idee einer rationalen Methode ein Mythos sei. Sein Hauptargument ist, daß alle methodologischen Maximen, die von den Philosophen vorgeschlagen wurden, von der Geschichte der Wissenschaft widerlegt worden seien und die einzige Maxime, die man anwenden könne, die Widerlegung, nicht die Kraft habe, die Karl Poppers Falsifikationismus ihr zuschreibe. Schon das Ideal der Widerspruchsfreiheit erscheint ihm als unvereinbar mit der Entwicklung der Wissenschaft. Paul Feyerabend besteht zweifellos zu Recht darauf, daß die Wissenschaftler eine Theorie nicht unter dem Vorwand aufgeben, sie sei scheinbar widersprüchlich oder mit Anomalien behaftet. Er erwähnt jedoch nicht, daß dieselben Wissenschaftler sich im allgemeinen nicht mit widersprüchlichen Theorien begnügen und durch abgewandelte oder neue Hypothesen die Widersprüche aufzulösen versuchen.

Paul Feyerabends Provokation hat etwas Heilsames. Nichts ist gefährlicher für das Denken als der dogmatische Schlaf. Diese libertäre Verneinung geht aber zweifellos zu weit, denn mit der Abschaffung jeglicher Norm wird auch die Möglichkeit der Kritik abgeschafft: Kritik richtet sich immer nach einer Norm. Aus der Tatsache, daß jede Regel diskutierbar ist, folgt im übrigen nicht, daß alle Regeln gültig sind. Astrologie und Astronomie haben zweifellos einen gemeinsamen Ursprung, doch kann man daraus nicht folgern, daß sie äquivalent sind. Im Hinblick auf die spekulativen Anfänge der Wissenschaft bemerkt Jean Ladrière: „Selbst wenn es stimmt, daß die Wissenschaft weiterhin in diesen Frühformen des Wissens wurzelt, so hat sie sich doch ihre Eigenständigkeit erobert, indem sie sich auf überlegte Weise von den rein spekulativen oder interpretativen Wissensformen löste und eigene Verfahren des Wissenserwerbs entwickelte."[12]

Die Mathematik – ein Weg zur Vereinheitlichung

> Wenn Sie ernstlich in die Materie eindringen, werden Sie erkennen,
> daß es ihrer nur eine gibt, die, wie eine glänzende Schauspielerin, hienieden
> in allen erdenklichen Verkleidungen alle erdenklichen Rollen spielt.
> *Cyrano de Bergerac, Mondstaaten und Sonnenreiche*

Die Geschichte der Physik weist einen gemeinsamen Nenner auf, der sicherlich der wichtigste Faktor ihrer Vereinheitlichung ist: Galilei hatte als erster begriffen, daß sie sich notwendig auf einer Mathematisierung gründete. Für ihn war das „Buch der Natur in der Sprache der Mathematik geschrieben [...] ohne deren Hilfe es unmöglich ist, ein einziges Wort zu verstehen.“[13] Die unzähligen Beispiele für die überragende Rolle der Mathematik in der Physik sollen hier nicht aufgezählt werden. Über die Entsprechung von Mathematik und Physik und ihren Ursprung haben sich viele Gedanken gemacht.

„Was anderes kann der menschliche Geist fassen außer Zahlen und Größen“,[14] bekannte schon Kepler, als sei es ein Eingeständnis der Schwäche. Physik und mathematische Physik betreiben wir also nur, weil wir es nicht besser wissen. Genau dies gab auch Bertrand Russell ausdrücklich zu: „Die Physik ist mathematisch, nicht weil wir so viel, sondern weil wir so wenig von der physikalischen Welt wissen: nur ihre mathematischen Eigenschaften können wir entdecken.“[15] Erneut wird deutlich, daß die Stärke der Physik daher rührt, daß sie nicht über Dinge spricht, die sie nicht beschreiben kann. „Die Geometrie ist einzig und ewig, eine Spiegelung von Gottes Geist. Daß Menschen imstande sind, an ihr teilzuhaben, ist einer der Gründe, warum der Mensch Gottes Ebenbild ist“, heißt es bei Kepler.[16] Die Philosophie Kants wird später ein neues Licht auf die Frage werfen, doch so richtig ist es noch niemandem gelungen, den erstaunlichen Erfolg der Mathematik in den Naturwissenschaften zu erklären.

Die Mathematik ist also für die Physik unerläßlich, aber sie macht natürlich nicht die ganze Physik aus, und es gibt viele

Wege, auf denen man zur Vereinheitlichung gelangen kann. Sehr häufig benutzte man den von uns wiederholt erwähnten Weg der Suche nach der Harmonie, der zumeist ein Symmetrieprinzip bemüht.

Der Begriff Symmetrie scheint universell zu sein. Er ist einer der wenigen, für die keine äußere Erklärung verlangt wird, da er oft selbst als Erklärung betrachtet wird: Man sagt dann, die Dinge verhielten sich so, weil sie auf diese Weise „symmetrisch sind". Mehr braucht man nicht zu sagen. Physiker gelüstet es nach Symmetrien, und sie finden diese um so verlockender, wenn sie für Bereiche gelten, die zunächst nichts miteinander zu tun zu haben scheinen, und zwischen ihnen eine Brücke zu schlagen erlauben.

Heute wird freilich geometrischen Figuren wie dem Kreis, der Kugel und den Polyedern oder der Musik kein harmonischer und alles erklärender Charakter mehr zuerkannt. Die Physiker wenden sich statt dessen der Mathematik zu, die Symmetrien am besten auszudrücken vermag.

Die entscheidende Rolle der Symmetrien

Pierre Curie unternahm als einer der ersten eine systematische Untersuchung der Symmetrien der physikalischen Zustände. Im Jahr 1894 bemerkt er, daß, „wenn bestimmte Ursachen bestimmte Wirkungen hervorrufen, die Symmetrie-Elemente der Ursachen sich in den hervorgerufenen Wirkungen wiederfinden müssen".[17] Von der Untersuchung der Symmetrien der physikalischen Zustände sind die Physiker schließlich zur Erforschung der Gesetze der Physik gelangt. In der physikalischen Welt und besonders in der Welt der Teilchen können die Symmetrien, um die es geht, bisweilen sehr abstrakt sein. Sie hängen direkt mit den dynamischen Eigenschaften der physikalischen Systeme zusammen, also mit der Art und Weise, wie diese sich unter der Wirkung einer Kraft verhalten. Man darf deshalb nicht glauben, daß die Physiker sie erdenken, um hübsche Figuren zustande zu bringen, oder daß diese Symmetrien eine künstlerische Zutat sind, mit denen Wissenschaftler ihren angeborenen Hang zu allerlei Klassifikationen ausschmücken. Man kann sogar ohne Übertreibung sagen, daß die fundamentalsten Erklärungen der physikalischen Gesetze heute auf der Idee der Symmetrie beruhen.

Diese Sichtweise ist noch keine hundert Jahre alt. Natürlich war es Physikern (wie Isaac Newton, Albert Einstein und Paul Dirac, um nur die berühmtesten zu zitieren) gelungen, die Gleichungen aufzuschreiben, die für die Dynamik einer bestimmten Klasse von Phänomenen bestimmend sind. In bestimmten Bereichen, namentlich in der Teilchenphysik, lassen sich diese Verhaltensgesetze aber nur sehr schwer direkt explizieren, zum einen, weil die Kräfte, um die es geht, nicht in allen Fällen wohlbekannt sind, und zum anderen, weil Experimente nur sehr begrenzt durchführbar sind. In diesem Zusammenhang hat es sich als fruchtbar erwiesen, zunächst die Symmetrien zu bestimmen, die den Phänomenen zugrunde liegen. Sie äußern sich, wie wir noch sehen werden, zumeist in dem, was man „Erhaltungssätze" nennt.

Die geometrischen Symmetrien, zum Beispiel die der Kristalle oder der Polyeder, die der Astronom Johannes Kepler so schätzte, sind seit langem von den Mathematikern erforscht. Es wurden aber noch viele andere Symmetrien entdeckt, die reicher, aber auch komplexer sind als die der einfachen Geometrie. Man konnte sie sehr genau einteilen dank eines 1830 von Evariste Galois entdeckten Zweiges der Mathematik, der Gruppentheorie. Die meisten dieser neuartigen Symmetrien sind abstrakt: sie wirken in Räumen, die von Mathematikern konstruiert sind und sich generell von dem dreidimensionalen Raum der Physik unterscheiden. Die Physiker machen von diesen abstrakten Räumen und diesen Symmetrien reichlich Gebrauch. Sie sind zum Beispiel der Ansicht, daß die Eigenschaften der Teilchen durch Elemente des einen oder anderen dieser Räume dargestellt werden können. Man kann sich etwa vorstellen, daß eine abstrakte Transformation den Übergang von einer Teilchenart zur anderen, zum Beispiel vom Proton zum Neutron, erlaubt. Natürlich sind diese beiden Teilchen nicht identisch, schon aufgrund ihrer elektrischen Ladung nicht, man glaubt aber, daß man sie so auf eine Weise in Beziehung zueinander setzen kann, die weder unbegründet noch willkürlich ist. Das setzt bestimmte Gemeinsamkeiten voraus, etwa die Tatsache, daß sie denselben Wechselwirkungen unterliegen, daß sie miteinander in Wechselwirkung stehen oder sich unter bestimmten Bedingungen sogar ineinander verwandeln können. Die modernen physikalischen Theorien stellen somit eine sehr starke Verbindung zwischen dem Verhalten der Teilchen und bestimmten mathematischen Symmetrien her.

Symmetrien und Erhaltungssätze

Eine Sache ist symmetrisch, wenn sich ihr Aussehen durch eine Wirkung, der sie unterworfen wird, nicht ändert. Nehmen wir eine Kugel: Wir können sie mit einem beliebigen Winkel um eine beliebige Achse drehen, ohne sie im geringsten zu verändern. Man kann den Effekt solcher Rotationen mathematisch beschreiben, so wie man auch die Kugel durch eine Gleichung beschreiben kann. Die vollkommene Symmetrie der Kugel äußert sich darin, daß ihre Gleichung nach jeder beliebigen Rotation dieselbe ist wie vorher. Insbesondere kommt darin der Rotationswinkel nicht vor. Die Gleichungen, welche eine Rotationen unterworfene Kugel beschreiben, nennt man „invariant".

Unsere Definition der Symmetrie macht es verständlich, warum der mathematische Gruppenbegriff für die Behandlung und Einteilung der Symmetrien unerläßlich ist. Eine Gruppe ist eine Menge von Elementen, die nach einer bestimmten Regel beliebig miteinander verknüpft werden können. Auch auf Objekte anwendbare Transformationen können solche Elemente sein. Dies gilt beispielsweise für Translationen im Raum. Die Verknüpfung zweier Translationen ist wiederum eine Translation. Die Menge der Transformationen, die, angewandt auf ein gegebenes Objekt, dieses invariant lassen (also sein Aussehen nicht verändern), bildet eine Gruppe, die man die „Symmetriegruppe" des Objekts nennt. Man sagt, ein physikalisches Phänomen gehorche einer Symmetrie, die zu einer bestimmten Symmetriegruppe gehört, sofern die Gesetze, die das Phänomen bestimmen, invariant sind, wenn man irgendeine der Transformationen der Symmetriegruppe auf das System anwendet.

Ein grundlegendes Theorem verleiht dem Symmetriebegriff seine ganze Kraft. Es geht zurück auf die deutsche Mathematikerin Emmi Noether (1882–1935), die nachwies, daß jede Invarianz bezüglich einer Symmetriegruppe notwendig einhergeht mit einer Größe, die unter allen Umständen erhalten bleibt, also mit einem *Erhaltungssatz*. Postulieren wir zum Beispiel, daß die Gesetze der Physik invariant bezüglich einer Translation der Zeit seien. Anders ausgedrückt heißt das: Die Gesetze, die für alle physikalischen Experimente gelten, dürfen nicht von dem Zeitpunkt abhängen, in dem ein Experiment durchgeführt wird; jeder Zeitpunkt ist gleich gut. Wenden wir das Noethersche Theorem an, zeigt sich, daß aus diesem Satz direkt die Erhaltung der Energie folgt. Dieser Erhaltungssatz tut also nichts anderes, als den Fortbestand der physikalischen Gesetze, also ihre Invarianz in der Zeit, zu garantieren.

Aus der Invarianz der physikalischen Gesetze bezüglich der räumlichen Translation, die bedeutet, daß die Gesetze an allen Orten dieselben sind, folgt dann die Erhaltung des Impulses. Dieser Erhaltungssatz verbietet im Einklang mit dem Trägheitsprinzip jede spontane Bewegungsänderung. Er läuft darauf hinaus, daß der Raum homogen ist, daß sich seine Eigenschaften also nicht von einem Punkt zum anderen ändern können.

Generell wurden in den letzten Jahrzehnten wichtige Fortschritte dadurch erzielt, daß man nach den Symmetrien suchte, denen die fundamentalen Wechselwirkungen (Gravitation, Elektromagnetismus sowie starke und schwache Kernkraft) gehorchen. Neue Begriffe, insbesondere der oben erwähnte Begriff der Eichsymmetrie, haben den Anwendungsbereich der Gruppentheorie erweitert und zugleich die Beschreibung der fundamentalen Wechselwirkungen revolutioniert.

Die Symmetrien P, C und T

Die Physiker benutzen andere als die oben erwähnten Symmetrien, und diese spielen bei aller Abstraktheit eine ebenso fundamentale Rolle. Es geht um die Parität, die Ladungskonjugation und die Zeitumkehr.

Die Parität, kurz P, ist eine Operation, die darin besteht, das Bild eines Experiments in einem Spiegel zu betrachten. Um besser zu verstehen, wie sie wirkt, betrachten wir ein reales Experiment, bei dem Teilchen zusammenstoßen. Die Operation P auf diese Situation anzuwenden heißt, das Experiment in Gedanken so durchzuführen, wie es sich in einem Spiegel darstellen würde. An der Natur der betreffenden Teilchen ändert sich nichts; verändert werden dagegen ihre Orte, weil bei der Operation links und rechts vertauscht werden.

Natürlich stellt sich die Frage, ob nach dieser Operation ein erneutes Experiment in der Natur oder im Labor durchführbar ist. Wenn ja, sagen wir, daß das Experiment die P-Symmetrie respektiert, andernfalls, daß es sie verletzt.

Die Physiker haben, dem gesunden Menschenverstand folgend, lange geglaubt, daß alle Gesetze der Physik die P-Symmetrie respektieren. Ist es, wenn wir eine Anordnung von Objekten im Spiegel sehen, nicht offenkundig, daß wir dieselbe Anordnung *auch* in der Realität herstellen könnten? 1957 wurde zur allgemeinen Überraschung gezeigt, daß die schwache nukleare Wechselwirkung, die für die Beta-Aktivität verantwortlich ist, durch die ein Neutron in ein Proton und ein Elektron zerfällt, nicht die P-Symmetrie respektiert. Das Spiegelbild eines von der schwachen Wechselwirkung bestimmten Phänomens entspricht also einem Phänomen, das in der Natur nicht vorkommt und auch im Laboratorium nicht zu erzeugen ist. Diese für die schwache Wechselwirkung typische Paritätsverletzung erlaubt es, rechts und links auf absolute Weise zu definieren.

Nun zur Ladungskonjugation. Jedem Teilchen entspricht ein Antiteilchen mit gleicher Masse, doch alle Ladungen, und besonders die elektrische Ladung, sind der jeweiligen Ladung des entsprechenden Teilchens entgegengesetzt. Die Ladungskonjugation ist jede Operation, die darin besteht, ein Teilchen (auf dem Papier) in sein Antiteilchen zu verwandeln und umgekehrt. Sie transformiert zum Beispiel das Elektron in ein Positron und das Positron in ein Elektron, das Proton in ein Antiproton und das Antiproton in ein Proton. Diese Operation wird kurz mit C bezeichnet, für „charge" (Ladung), wegen der Umkehrung der Ladungen zwischen Teilchen und Antiteilchen.

Um besser zu verstehen, wie sie wirkt, betrachten wir ein reales Experiment, bei dem Teilchen zusammenstoßen. Wir registrieren genauestens Geschwindigkeiten und Orte der während des Experiments auftretenden Teilchen. Wenden wir nun die Operation C an: Jedes Teilchen, das wir antreffen, ersetzen wir durch sein Antiteilchen, und wir zwingen es, genau der Bahn zu folgen, die das Teilchen in der Ausgangssituation hatte. Betrachten wir zum Beispiel einen Zusammenstoß zwischen einem Proton und einem Neutron, so beschreibt die Operation C für uns denselben Zusammenstoß, nur vollzieht er sich zwischen einem Antiproton und einem Antineutron.

Wenn nach dieser Operation ein erneutes Experiment durchführbar ist, sagen wir, daß das Experiment die C-Symmetrie respektiert, andernfalls sagen wir, daß es sie verletzt. Die schwache Wechselwirkung, die schon die Parität nicht respektierte, respektiert auch die Ladungskonjugation nicht.

Die Operation „Zeitumkehr" schließlich, kurz T, entspricht eher einer Umkehr der Bewegung als einer eigentlichen Umkehrung der Zeit. Sie besteht darin, ein Phänomen in der dem ursprünglichen Ablauf entgegengesetzten Richtung ablaufen zu lassen, mit anderen Worten, den Film rückwärts laufen zu lassen. Würden zu einem gegebenen Zeitpunkt t_0, den wir als Ursprung der Zeiten ($t_0 = 0$) betrachten, die Geschwindigkeiten jedes Himmelskörpers des Sonnensystems (der Sonne, der Planeten und ihrer Satelliten) umgekehrt, so würde sich nach den klassischen Gesetzen an ihrer Bahn nichts ändern, aber der Ort jedes Himmelskörpers auf seiner Bahn zum späteren Zeitpunkt t wäre derjenige, den er zum Zeitpunkt –t einnahm.

Die Parität, die Ladungskonjugation und die Zeitumkehr spielen in den Gleichungen, mit denen die Teilchenphysiker hantieren, eine fundamentale Rolle, besonders auf dem Umweg über die CPT-Invarianz: Die Operation CPT ist, wie das Kürzel andeutet, das Produkt der drei Operationen C, P und T. Da diese Operation keines der bekannten Gesetze der Physik modifiziert, spricht man von „CPT-Invarianz" (die schwache Wechselwirkung ist zwar weder bezüglich C noch bezüglich P und auch nicht bezüglich CP invariant, respektiert hingegen die globale CPT-Invarianz).

Man kann die CPT-Invarianz bildlich auch so ausdrücken, daß man sagt, die physikalischen Gesetze, die unsere Welt regieren, seien identisch mit denen einer Welt aus Antimaterie, die in einem Spiegel betrachtet wird und in der die Zeit umgekehrt abläuft. Sie ist fundamental mit dem Kausalitätsprinzip verbunden, das die Ereignisse gemäß einer unabänderlichen Verkettung ordnet, und es folgt aus ihr eine Art Symmetrie zwischen Materie und Antimaterie. Insbesondere sieht sie vor, daß Masse und Lebensdauer der Teilchen strikt denen ihrer Antiteilchen gleichen.

Die Vereinheitlichung

Das Vereinheitlichungsstreben, das in den Wissenschaften ständig am Werk ist, äußert sich nicht nur im Modus operandi. Da die Vernunft nach Pierre Duhem[18] keinen Zugang zu den Geheimnissen der Natur hat, bleibt dem Gelehrten nur ein Weg: intelligible Zusammenhänge zwischen den empirischen Gesetzen zu finden; sie aus ihrer logischen Unabhängigkeit bzw. ihrer Zersplitterung herauszuholen; alle Gesetze, die sich auf einen Bereich beziehen, in einem System zusammenzufassen. Gelingt das, hat er einen doppelten Nutzen: Zum einen erhält er eine ökonomischere Darstellung der empirischen Gesetze, zum anderen erhält er in dem Maße, wie diese empirischen Gesetze als Theoreme oder Prinzipien vorkommen, eine logische (und künstliche) Klassifikation.

Eine solche Klassifikation hat für Duhem nichts Willkürliches oder Künstliches, wenn sie alle bekannten Phänomene umfaßt und sich in der Praxis als fähig erweist, neue Phänomene zu unterscheiden. Sie wird möglichst „natürlich" sein wollen. Schließlich legt die logische Konfiguration der physikalischen Theorie nahe, daß sich in ihr die reale oder ontologischen Ordnung spiegelt, auch wenn eine positive Ontologie von der physikalischen Theorie nicht zu erwarten ist.

Der Zusammenhalt einer physikalischen Disziplin zeigt sich in der Praxis vor allem in der Einheit der in ihr geltenden Gesetze. Die Gesetze der Dynamik, der Thermodynamik und der Quantenphysik definieren durch ihren jeweiligen Anwendungsbereich diese Zweige der Physik und sichern deren Einheitlichkeit. Die Geltung des einen oder anderen Gesetzes kann gelegentlich über ihren Bereich hinausgehen; so gilt der Energieerhaltungssatz in der gesamten Physik.

Unklar ist, wie die Idee zu diesem oder jenem einheitlichen Gesetz in den Köpfen der Physiker entstanden ist. Allgemein muß man fragen, wer das Subjekt ist, welches das Wissen produziert. Ist es ein transzendentales „Ich", dem alle Erkenntnisse als ihrer Quelle zugeschrieben werden können? Oder sind die wissenschaftlichen Entdeckungen mehreren Trägern zuzuschreiben? Im ersteren Fall stammen die Werke trotz ihrer empirischen Verschiedenheit theoretisch von einem einzigen Subjekt, das sozusagen ihr Fundament ist, auch wenn es sich im Laufe der Zeit in zahlreichen Individuen verkörpert. Im letzteren bleibt die Vielzahl der Träger irreduzibel, und was zählt, sind die Arbeiten und ihre Inhalte, nicht die problematischen Urheber, die sie hervorgebracht haben.

Viele Autoren haben die entscheidende Rolle der Vorstellungskraft in den schöpferischen Phasen unterstrichen. Kant zufolge bildet sie zusammen mit der Vernunft ein unauflösliches Paar. Stets wach, kann sie – Kants Erkenntnistheorie zufolge – nicht umhin, zumindest in den allgemeinen Umrissen das „Monogramm" der Verstandesbegriffe zu organisieren.[19] Die Vorstellungskraft läßt sich nicht reduzieren auf eine bedauerliche Verirrung des Geistes in Erwartung der Wahrheit. Sie stellt eine irreduzible Dimension des menschlichen Wesens dar und bildet den machtvollen Brennpunkt der Fragen nach der Ordnung der Welt, zu der wir gehören, einen Brennpunkt, der das wissenschaftliche Denken selbst in Gang hält. Der Vorstellungskraft ist eine Erkundungsmission anvertraut, die nicht dem Realen abschwört, sondern unseren Umgang mit ihm verstärkt. Karl Popper und Gaston Bachelard haben nämlich anhand der Wissenschaftsgeschichte die Bedeutung der Spekulation bei der Aufstellung der Hypothesen und der Ermittlung der wissenschaftlichen Wahrheiten nachgewiesen. Zu klären bleibt, um welche Vorstellungskraft es sich handelt und wie sie vorgeht. Für fruchtbare Annäherungen scheinen alle Methoden geeignet zu sein: Fusion, Aneinanderreihung, Analogie, Integration, Synthese... Schon lange vor der offiziellen Geburt der Physik lagen den Weltbildern große vereinheitlichende Strömungen zugrunde. Einzelne Vereinheitlichungsstadien der Ideengeschichte wurden befruchtet vom Mechanizismus, vom Animismus, vom Vitalismus oder der Harmonie. Oft wird ein vereinheitlichender Ansatz von einer Analogie geleitet und genährt, mag diese bewußt sein oder nicht; was ist das Universum im Laufe der Epochen nicht alles gewesen: eine Götterschar, ein Organismus, eine Maschine, ein Uhrwerk, eine Geschichte... Den Physikern erschien es wie ein Mechanismus, ein Uhrwerk, ein Computer... Diese Analogien mögen in den offiziellen Darstellungen nach außen nicht mehr vorkommen, aber sie spuken vielfach in den Köpfen herum und täuschen bisweilen eine Kohärenz vor, die imstande ist, unzusammenhängende Erkenntnisse zusammenzuführen. Pierre Thuillier verweist in *La grande implosion* auf den archetypischen Fall Lavoisier, der es als Generalsteuerpächter gewohnt war, in Begriffen von Geldeingängen und -ausgängen zu denken, also mit anderen Worten: Bilanz zu ziehen. Sollte ihm das nicht geholfen haben, Ende des 18. Jahrhunderts sein berühmtes Gesetz „von der Erhaltung der Materie" zu ersinnen?

Bisweilen haben diese Analogien, diese Verhaltensmodelle etwas Lächerliches, und sie werden hinterher geleugnet. Dabei waren sie mitbeteiligt an der Bildung von Begriffen wie Energie, Information, Raum oder Raumzeit, Teilchen und Atome, Kräfte usw., die für die Sicherung der Einheit oder gar die Erweiterung einer Disziplin ebenfalls wichtig sind.

Im Erfolgsfall wird die der Einbildung entsprungene neue Vision als Neuerung beibehalten und in den Gang des Fortschritts der Wissenschaft integriert. Eine wissenschaftliche Revolution, also eine Entdeckung, die die Wissenschaft „fortschreiten" läßt, äußert sich Thomas Kuhn zufolge in einem Paradigmenwechsel: in einer neuen Art, die Dinge zu sehen, so daß Resultate, die bisher unvereinbar (oder mindestens unabhängig voneinander) waren, erklärt werden können, in dem Gründungsakt einer neuen, vereinheitlichten Vision, die auf die Zustimmung der wissenschaftlichen Gemeinschaft stößt und sie schließlich ganz für sich gewinnt.[20] Hier liegt einer der grundlegenden Aspekte der Vereinheitlichung.

Bereichernde Synthesen

Die Geschichte der Physik zeigt, daß Entdeckungen zumeist einer vereinheitlichenden Synthese entspringen. Oft liegt der Schlüssel zum Erfolg in der fruchtbaren Verbindung zweier Denkschulen, die als unabhängig voneinander oder gar als gegensätzlich betrachtet werden. Wir nannten zahlreiche Beispiele für den fruchtbaren Gegensatz zwischen dem Teilchenbild und der Suche nach Harmonie, der schließlich in die Quantenphysik mündete.

Ein anderer Gegensatz, der für ständige Unruhe sorgt, ist der zwischen Dauer und Wandel. Heraklit schlug eine Vereinheitlichung durch den Dualismus von Sein und Werden vor. Der griechische Atomismus versuchte, diese Einheit der Gegensätze verständlich zu machen mit einem Bild, das auf *vergänglichen* Verbindungen von *dauerhaften* Atomen beruht, einem Bild, das die Physik bis heute beibehalten hat, insofern sie jedes Objekt oder System als aus unwandelbaren elementaren Bausteinen zusammengesetzt betrachtet (ob das ausreicht, um ihre Eigenschaften auszuschöpfen – und darum dreht sich ja der ganze Reduktionismus –, steht auf einem anderen Blatt). Ernst Cassirer wird später einen erkenntnistheoretischen und philosophischen Ansatz vorschlagen, der versucht, die beiden einander widersprechenden Notwendigkeiten von Variabilität und Veränderung zu versöhnen.[21] Dies wird eines der Fundamente der Vereinheitlichung, die sein System erlaubt, in dem übrigens die Begriffe Einheit und Mannigfaltigkeit nicht mehr entgegengesetzt, sondern logische Aspekte sind, die einander gegenseitig bedingen.[22]

Bei Galilei ist es ein anderer Ansatz, der seine Erfolge zumindest teilweise erklären kann. Er konnte die aristotelische Position dadurch überwinden, daß er unter Rückgriff auf die Mathematik Theorie und Erfahrung gleichzeitig und auf harmonische Weise berücksichtigt. Georges Lemaître gelang es im 20. Jahrhundert, die Kosmologie aus der schwierigen Lage, in die sie geraten war, dadurch zu befreien, daß er den Zusammenhang zwischen den mathematischen Modellen, die sich aus der Relativitätstheorie ergaben, und den Beobachtungsdaten herstellte. Die von amerikanischen Beobachtern zusammengetragenen Ergebnisse, insbesondere die Rotverschiebung des Spektrums der Galaxien, lagen seit Jahrzehnten vor, das theoretische Werkzeug, die allgemeine Relativitätstheorie, seit 1917. Doch erst Lemaître vollendete kurz vor 1930 die Synthese, die erlaubte, die Modelle expandierender Universen zu konstruieren und darzustellen.

Gelegentlich kommt es vor, daß aus der mentalen Gegenüberstellung von Ideen oder Tatsachen, die einander widersprechen oder doch ohne erkennbaren Zusammenhang sind, der Funke des Verstehens entspringt, die Sichtweise, die auf einmal synthetisch wird. Durch einen Gedankensprung sieht man als Einheit, was vorher vielfältig oder getrennt war. Kepler, Newton, Poincaré und Einstein haben sich in diesem Sinne geäußert und von blitzartigen Intuitionen gesprochen, die ihnen eine neue Art enthüllten, schon bekannte Phänomene zu sehen oder zu verknüpfen, den gewohnten Lauf der Dinge aufzugeben und die Widersprüche zu überwinden, die ein Mangel an Perspektiven hervorruft.

Einheit zwischen Disziplinen entsteht auch dadurch, daß die Geltung eines Verhaltensmodells oder eine spezielle Methode erweitert werden. Dem probabilistischen Ansatz erkennen die Physiker zum Beispiel eine sehr allgemeine Geltung zu, die sich praktisch auf die gesamte Physik erstreckt. Dadurch ist die Universalität des Gesetzes der großen Zahl garantiert, und so konnte zum Beispiel die Thermodynamik auf die statistische Mechanik zurückgeführt werden.[23] Der analytische Ansatz erlaubte, so unterschiedliche Disziplinen wie die Newtonsche Physik, den Elektromagnetismus, die allgemeine Relativität und die Quantenphysik durch Enthüllung ihrer gemeinsamen Tiefenstruktur in einem einzigen Formalismus zu erfassen.

Es gibt weitere Phänomene, die eine Geltung erlangt haben, welche über den Rahmen eines Zweiges der Physik hinausgeht: Phasenübergänge und Verhaltensweisen an kritischen Punkten, Skaleninvarianzen und Renormierungsprozesse, Hierarchien, Einschachtelungen von Strukturen. Eine unabsehbare Zahl chemischer Substanzen besteht aus Molekülen, die sich aus weniger als hundert Basisatomen zusammensetzen. Die Atome selbst bestehen aus Teilchen wie Neutronen, Protonen und Elektronen. Mit dem Standardmodell und den Quarks dringt man noch tiefer in die Materie ein. Gibt es eine weitere Ebene? Gewinnt man noch etwas, wenn man nach ihr sucht? In astronomischen Maßstäben stößt man wieder auf solche Hierarchien, auch wenn sie nicht so ausgeprägt sind: Planeten, Sterne, Galaxien, Galaxienhaufen, Superhaufen und vielleicht noch Hierarchien darüber hinaus.

Die Vereinheitlichung stellt sich manchmal in der Form dar, daß lediglich verschiedene Disziplinen nacheinander auf einen Bereich angewandt werden. In der Frühkosmologie faßt man heute zum Beispiel die Kompetenzen der „klassischen" Kosmologie, der Astrophysik, der Kern- und der Teilchenphysik usw. zusammen. Es handelt sich eigentlich nicht um eine Synthese, da jede Disziplin eigens angesprochen wird und ihre Identität behält. Dank der durch diese Annäherung entstandenen Konvergenz versteht man aber bestimmte Aspekte der Entwicklung des frühen Universums, und es entstehen Begriffe wie „Energie des Vakuums", „Symmetriebrechungen", „Inflation", „kosmische Strings" und dergleichen, Begriffe, die insofern „monströs" sind, als sie in der Normalität dieser Disziplinen, für sich genommen, nicht unterzubringen sind. Oft fehlt es übrigens an einer einheitlichen Theorie, mit der sie korrekt beschrieben werden können. So verfügen wir zum Beispiel nicht über eine Quantentheorie, die in der krummen Raumzeit gilt und mit der man eine Idee wie die Inflation erklären könnte. Diese Annäherungen zwischen einzelnen Disziplinen machen den Physikern die Notwendigkeit der Vereinheitlichung nur noch deutlicher. Das verlangt allerdings von den Forschern, daß sie nicht auf halbem Wege stehenbleiben. Was zum Beispiel die Inflation betrifft, muß man in Richtung einer Theorie auf der fundamentalsten Ebene suchen. Solange die Gravitation nicht mit den anderen Wechselwirkungen vereint ist, sollte diese Theorie zumindest einen Rahmen der gemeinsamen Beschreibung bieten. Die kosmologischen Modell„basteleien", auf die die unzähligen neuen Varianten der Inflationsmodelle hinauslaufen, bleiben in dieser Hinsicht ziemlich fruchtlos. Manche schrecken vor der sicherlich gewaltigen Aufgabe zurück, Gravitation, Kosmologie und Quantenphänomene auf einen Nenner zu bringen, und führen, wenn es um Grundfragen der Physik geht, lieber theologische Argumente ein („anthropisches Prinzip", „kosmische Intention", „göttliche Intervention" u. dgl.). Die Wahl seiner Erklärungen steht natürlich jedem frei, aber die Verwirrung, die dadurch in die Physik hineingetragen wurde, und die daraus resultierende Entmutigung darf man bedauern: Wenn schon das anthropische Prinzip genügt, um einen bestimmten Aspekt des Universums zu begreifen, braucht man ja nicht mehr nach einer vereinheitlichten physikalischen Theorie zu suchen, um ihn zu erklären.

Eine tiefgreifende Vereinheitlichung in der Physik hat nicht nur eine genauere Erkenntnis der elementaren Objekte zur Folge, sondern auch eine Erweiterung auf andere Felder und andere Objekte der Physik. Das war aufgrund der Annäherung (und sogar Identifikation) von Materie und Strahlung namentlich in der Atomphysik der Fall. Nun ist zwar die Wissenschaft von den Atomen nicht die ganze Physik, doch die meisten ihrer Zweige haben eine beträchtliche Entwicklung und Erweiterung erfahren, seit sie sich auf den Atombegriff und die Atomtheorie stützen konnten.

So war es vor allem in der Chemie (in der die Atomhypothese ihren Aufschwung nahm), die seitdem mit der Physik in einem lebhaften Wechselverhältnis steht. Dank der Quantenphysik verwischt sich die Grenze zwischen theoretischer Chemie und Physik. Dennoch behauptet sich die Chemie als eigenständige Disziplin, denn in den meisten Fällen läßt die Komplexität und Vielfalt der untersuchten Probleme die bloße quantentheoretische Behandlung als sinnlos erscheinen; sie gilt deshalb als ein legitimes, aber fernes Prinzip.

Was die Physik insgesamt angeht, braucht man nur auf das Beispiel der „Physik der verdichteten Materie"[24] zu verweisen, die erst durch die Atomtheorie Auftrieb bekam. Seit dem Zweiten Weltkrieg hat sie sich sehr rasch entwickelt, und heute stellt sie einen der ausgedehntesten Zweige der Physik dar, jedenfalls den mit den meisten Anwendungen: Halbleitung, Supraleitung, magnetische Speicher, Physik der Oberflächen, Phasenübergänge, Supraflüssigkeit usw. Zwar bezieht sich die Physik der verdichteten Materie ständig auf den atomaren Aufbau der Körper, doch entwickelt sie eigene Begriffe und spezifische Methoden, die auf die Betrachtung des Systems und nicht nur die seiner Bestandteile zurückgehen. Es sei nur auf den Begriff der „Dislokation" verwiesen, mit dem die Plastizität bestimmter Materialien erklärt wird. In ihm kommt sehr gut zum Ausdruck, wie zwei Strukturebenen sich annähern können: Die Effekte der Dislokation sind makroskopischer Art, aber ihre Eigenschaften sind von den atomaren und molekularen Bindungen abhängig.

Realität und Rationalität

Der deutsche Physiker Max Planck, der wissen wollte, welcher Art die Erkenntnis ist, die die Physik beisteuert, unterschied drei Welten: die Welt der „realen" Tatsachen, die Welt der Sinne und die Welt der Modelle und Ideen. Letztere ist die Welt der Physik, die zu einer möglichst vollkommenen Erkenntnis der ersten und dann der zweiten Welt führen soll. Der Haken ist, daß die Struktur der Physik sich immer mehr von der Welt der Sinne entfernt, so daß es heute unmöglich erscheint, einen Zusammenhang zwischen diesen beiden Welten herzustellen. Die Geschichte der Physik zeigt nämlich, daß man das unwiderstehliche Vordringen des Formalen auf Kosten des Visuellen in Kauf nehmen muß, wenn man zu einer Einheit in der Beschreibung der Phänomene kommen will. Das Atom der modernen Physik ist zum Beispiel nichts zum Anfassen. Man kann es in kein Bild, keine Metapher fassen – es entzieht sich radikal der gewohnten Sprache, den gewohnten Vorstellungen. Generell gibt sich die physikalische Realität nur durch eine extrem abstrakte Theorie zu erkennen, die sich für immer von der sinnlichen Intuition abgewandt hat und deren Aneignung schwieriger ist. Das beweist im übrigen, daß es – entgegen Bergson – nicht die Intuition, sondern die Intelligenz ist, mit der wir die Eigenschaften des Realen begreifen können. Schon Julien Benda bemerkte, daß „man schließlich zu einer Aktivität gelangt, die zunehmend frei ist von sinnlichen Elementen wie dem Bild oder der Empfindung, einer Aktivität, deren Vorbild für mich in bestimmten Konzepten der neuen Physik liegt, die aus rein algebraischen Ausdrücken bestehen, welche keinerlei Entsprechung in einer vorstellbaren Realität haben".[25] Dies stimmt mit Steven Weinbergs Äußerung überein, die moderne Vorstellung von der mikroskopischen Realität entspreche nichts Beobachtbarem. Julien Benda beeilt sich übrigens hinzuzufügen, er würdige dieses Bestreben, mit der Vorstellungskraft zu brechen, durchaus.

Welches die elementaren Objekte der menschlichen Erkenntnis sind, wissen wir nicht. Diese Frage wurde ausgiebig im 17. und 18. Jahrhundert debattiert, im Rahmen der sogenannten Erkenntnistheorie. Die Empiristen sagten: unsere Empfindungen. Die anderen, die Rationalisten, sagten: die gedachten Objekte, die sich für den Verstand manifestieren (Ausdehnung, Substanz, Idee). Kant versuchte beide Sichtweisen zu versöhnen: Die Perzeption (Wahrnehmung) ohne Konzeption ist sinnlos, die Konzeption ohne Perzeption ist leer. Gegenstand der Erkenntnis ist daher die Welt der Wahrnehmung, aber so, wie sie durch das Prisma der Strukturen des Verstandes aufgefaßt wird.

Konstruieren wir eine Welt, die unseren, der Evolution unterworfenen mentalen Strukturen entspricht, und ist es nicht möglich, eine tiefere Realität zu definieren? Oder entdecken wir die Realität der Welt? Diese letztere Auffassung, die realistische, stellt die Wissenschaft dar als eine Erkundung, eine Enthüllung der Realität, die unabhängig von uns existieren soll. Anhänger dieser Auffassung sehen die höchste Aufgabe der Physik darin, ein authentisches Bild der objektiven Realität zu liefern. Sie soll, mit einem Ausdruck Einsteins, die Absichten „des Alten" enthüllen. Da die wahrgenommene Welt nicht die reale Welt ist, kann man sich allerdings fragen, wo die letztere sich befindet. Wo „außerhalb" der scheinbaren Welt ist sie zu suchen? Und die Rationalität, durch die wir zu ihren Gesetzen zu gelangen glauben, haben wir sie wirklich entdeckt, oder haben wir sie nur konstruiert? Ist die Welt rational, oder setzt nur die wirklich wissenschaftliche Erkenntnis ihre Rationalisierung voraus?

Die Mathematisierung der Wissenschaft ermöglicht zwar die schönsten Enthüllungen, läßt aber die dunkle Frage offen, wie das „Ding an sich" mit dem Bild, das die Wissenschaft von ihm malt, zusammenhängt. Haben die Ideen, die logischen Beziehungen, die irgendwo in unseren Köpfen sitzen, die gleichen ontologischen Eigenschaften wie die in der Außenwelt wahrgenommenen Objekte? Diese Problematik drängt sich im Hinblick auf die Einheit ganz von selbst auf. Finden wir die Einheit vor, oder bringen wir sie in unsere Sicht der Natur ein? Auguste Comte faßt das menschliche Denken als in Raum und Zeit einheitlich auf: Die logischen Gesetze seien ihrer Natur nach unveränderlich und allgemein, sie gälten nicht nur zu allen Zeiten und an allen Orten, sondern auch für alle beliebigen Gegenstände, wobei nicht einmal zwischen sogenannten realen und chimärischen Gegenständen unterschieden werde; eigentlich gälten sie sogar in den Träumen.[26] Gaston Bachelard hat diese Konzeption attackiert und gezeigt, daß die Vernunft, indem sie die Wissenschaft macht, damit sich selbst macht, daß ihre Entdeckungen also auf sie zurückwirken, so daß sie ihre logischen Prinzipien und ihre apriorischen Strukturen lockern oder abändern muß. „Jeder reale Fortschritt im wissenschaftlichen Denken macht einen Wandel erforderlich. Die Fortschritte im modernen naturwissenschaftlichen Denken haben Veränderungen in den Prinzipien des Erkennens selbst bewirkt. [...] Die einfachsten Rahmen des Verstandes können nicht in ihrer Unnachgiebigkeit weiterbestehen, wenn man die neuen Schicksale der Wissenschaft ermessen will."[27] Die logischen Positivisten, zu denen etwa Rudolf Carnap zählt, vertreten die Auffassung, daß die Frage der Einheit der Wissenschaft somit als ein Problem der Wissenschaftslogik und nicht der Ontologie zu betrachten sei. Zu fragen sei nicht, ob die Welt eine sei, ob alle Ereignisse von nur einer Art seien. Wenn die Positivisten nach der Einheit der Wissenschaft fragten, sähen sie darin eine Frage der Logik, die sich auf die logischen Beziehungen zwischen den Termen und den Gesetzen der verschiedenen Wissenschaftszweige richte.[28]

Wollte man diese Debatte vertiefen, müßte man zuvor den Wörtern „Welt" und „real" einen genauen Sinn zuweisen. Möglicherweise würde uns das sehr weit von unserem Thema wegführen. Unlängst wurden diese Fragen in zugespitzter Form im Zusammenhang der Debatten über die Interpretation der Quantenphysik aufgeworfen; wir verweisen auf die sehr scharfsinnige Analyse von Michel Bitbol.[29] Er kommt zu dem Schluß, daß der Abstand zwischen einem fortentwickelten Empirismus und einem kritischen Realismus letztlich nicht sehr groß ist. In Anbetracht dieser Bemerkungen und des Schwierigkeitsgrades dieser Fragen sowie in dem Wissen, daß das Funktionieren der Wissenschaft nicht davon abhängt, ob wir zu ihnen Stellung beziehen, erlauben wir uns, diese Debatte auf sich beruhen zu lassen.

Seien wir bescheidener, kehren wir zurück zur Physik und zu den Physikern. Unter letzteren pflegt man zwei Kategorien zu unterscheiden: Theoretiker und Experimentatoren. Hinter dieser Zweiteilung verbergen sich, da die Physik in zahlreiche Fachbereiche zerfällt, ganz unterschiedliche Profile, und wenn man hört, jemand sei Physiker, weiß man noch längst nicht, was er tatsächlich treibt. Man könnte die Physiker nach einem tiefergreifenden Kriterium in zwei radikal entgegengesetzte Schulen einteilen. Im Gegensatz zum Realismus, wie wir ihn definiert haben, behauptet der Positivismus, die Wissenschaft sei im Grunde nichts anderes als die korrekte Vorhersage dessen, was man beobachten wird. Alles andere sei bloß ästhetisches Beiwerk, Wortspiel und Windhauch. Ernst Mach (1838–1916) verwarf zum Beispiel die Begriffe von Raum und Zeit mit der Begründung, sie seien überflüssige metaphysische Begriffe.[30] Er schreibt: „Die Farben, Töne, Räume, Zeiten ... sind für uns vorläufig die letzten Elemente [...], deren gegebenen Zusammenhang wir zu erforschen haben."[31] Diese Position, für die das Wort „Realität" an sich keinen Sinn hat, verweigert ontologische Diskussionen, weil sie ohnehin fruchtlos seien. Die Wissenschaft ist danach auf ihre praktische Wirksamkeit reduziert und jeglicher ontologischen Bedeutung, die diesen Namen verdient, beraubt.[32]

Erstaunlich, daß diese beiden Richtungen, die nicht sehr scharf voneinander abgegrenzt sind, friedlich koexistieren. Vielleicht liegt es daran, daß Realismus und Empirismus, wie Michel Bitbol meint, doch nicht solche Gegensätze sind. Jedenfalls gibt es kaum einen Physiker, der ganz und gar Realist oder hundertprozentig Positivist wäre, und die meisten unterschreiben beides. Als Realisten geben sie sich vor allem, wenn sie von ihrem Fach sprechen und von dem, was es zu beschreiben behauptet: Dann sind sie der Ansicht, daß die Atome, Teilchen und sonstigen Objekte der Physik wirklich existieren. Die Theorien, behaupten sie, erklärten die Welt, wie sie ist, bestehend aus unzähligen Teilchen, die objektiv existieren und miteinander in Wechselwirkung stehen. Vom Positivismus dagegen übernehmen sie die Methode, wenn sie nur solche Begriffe zu verwenden bereit sind, die eine exakte operationale Definition besitzen. In der praktischen Ausübung ihres Metiers verhalten sie sich also eher wie Positivisten. Wenn sie Berechnungen anstellen, sind sie nur um die Qualität der daraus resultierenden Vorhersagen besorgt. Die ontologische Frage nach der Realität ist in solchen Momenten wenn nicht unmöglich, so doch unwillkommen, weil sie das Denken okkupieren und von der methodischen Strenge ablenken würde. Es gibt denn auch nur wenige, die sowohl mit Gleichungen zu hantieren als auch die Interpretationsprobleme der Quantenphysik einzuschätzen verstehen.

Folglich hält man all diese Debatten, die ebenso leidenschaftlich wie endlos geführt werden können, nach Möglichkeit von der Wissenschaft fern und überläßt sie den Philosophen und Erkenntnistheoretikern, die Partei ergreifen und ihre Wahl begründen dürfen. Die Wissenschaftler verzichten darauf mehr oder weniger bereitwillig, zumindest in der Praxis ihres Faches. Die praktische Stärke der Physik beruht

gerade darauf, daß man, um voranzukommen, zur Beantwortung solcher Fragen nicht Stellung zu nehmen braucht.
Aus dieser Sicht stellt die Quantenphysik einen Extremfall
dar; sie entpuppt sich als durchaus praktisch, doch keiner
weiß genau, wovon sie spricht oder was für eine Realität sie
beschreibt. Die Wissenschaft erklärt nicht die Welt, und sie
ersetzt weder die Philosophie noch die Metaphysik. Man
wird daher vergeblich hoffen, daß die von den neuen wissenschaftlichen Befunden angestoßenen Reflexionen eine
definitive Lösung für die ständigen Fragen der Philosophie
bringen könnten. Im übrigen weiß man ja, daß die Wissenschaft nicht in der Lage ist, sich selbst zu begründen, sich zu
rechtfertigen, was aber ihrem Funktionieren keinen Abbruch
tut.

Dieses philosophische Zwitterdasein stellt sich fast immer
als ein Nacheinander dar. In seiner praktischen Tätigkeit
muß der Physiker so tun, als glaube er an die Realität und
Rationalität der Welt und der von ihm erforschten Objekte,
und er muß die Fragen beiseite lassen, die sich im Hinblick
auf diese Begriffe immer wieder stellen und die, zum Bereich
der Interpretation gehörend, zweifellos die Effizienz seines
Vorgehens beeinträchtigen würden. Natürlich hindert ihn
andererseits nichts daran, parallel über die Grundlagen und
die Lehren seiner Disziplin nachzudenken. Sicherer als jede
administrative Benennung zeigen die Zeit und die Bedeutung, die er der Praxis beziehungsweise dem Nachdenken
widmet, sein wirkliches Tätigkeitsprofil.

Bemühungen um eine Vertiefung würden zweifellos auf
erhebliche Schwierigkeiten stoßen. Wie soll zum Beispiel entschieden werden, ob die Moleküle real sind oder ob Realität
eher den Atomen zukommt, aus denen sie zusammengesetzt
sind, oder den Elementarteilchen, aus denen diese bestehen?
Oder ist die einzig wahre Realität nicht auf der Ebene der
makroskopischen Objekte zu finden? Alle Positionen sind a
priori zulässig, aber schließt die Entscheidung für eine Ebene
nicht alle anderen aus? Letztlich ist die einzige Realität, deren
Existenz unbestreitbar ist, die eines undifferenzierten Gan-

zen, das diese Objekte und Systeme von unterschiedlicher Natur umfaßt. Und dieses Ganze ist das Universum, dessen Anerkennung, wie schon gesagt, das wissenschaftliche Vorgehen begründet.

Wenn die Realität des Universums anerkannt werden muß, so sind es doch allein die Kosmologen, die das Universum direkt zu ihrem Forschungsgegenstand machen. Alle anderen Zweige der Physik müssen es auf eine notwendig künstliche, aber unumgängliche Weise in unterschiedliche Systeme aufspalten. Die Wissenschaft beginnt, sobald sie eingeführt ist, die Phänomene zu zerlegen. Man kann beschließen, auf der Ebene der Moleküle oder der Teilchen oder der Planeten oder der Galaxien usw. zu arbeiten. Die Entscheidung muß getroffen werden, bevor man mit der praktischen Arbeit beginnt.

In der Praxis definiert also jede Disziplin ihren Ansatz durch eine klare Trennung zwischen dem, was sie betrifft, und dem Rest, der sie nichts angeht. In der Teilchenphysik vergißt man, daß die Teilchen in die Zusammensetzung von Planeten oder von Lebewesen eingehen können, und interessiert sich nur für die mikroskopische Ebene. Um Quantenphysik betreiben zu können, muß man ihre Kritiker außer acht lassen und den Wellenfunktionen und Quantenfeldern, aber nichts anderem – vorläufig – eine Realität zuerkennen. Um Kosmologie betreiben zu können, muß man die Realität der Galaxien und des Universums anerkennen und deren Struktur im menschlichen Maßstab außer acht lassen. Um Mechanik betreiben zu können, muß man die Eigenschaften der verschiedenen Systeme auf ihre Massen sowie auf eine begrenzte Zahl physikalischer Größen (Geschwindigkeit, Energie usw.) reduzieren. Nicht anders verhält es sich bei der Thermodyamik, der Kernphysik oder der Atomphysik. Jede Disziplin besitzt ihren eigenen Realitätsbereich, der den der anderen wenn nicht verleugnet, so doch vergißt. Für den Astrophysiker ist die Welt ein Gas aus Galaxien, für den Relativisten eine Raumzeit, für den Quantenphysiker eine Wellenfunktion ohne Lokalisation, für den Teilchenphysiker eine

Ansammlung von miteinander in Wechselwirkung stehenden Teilchen.

Jacques Roger betrachtet es deshalb als Merkmal der Physik, daß sie die Realitätsforderung aufgibt. Wissenschaft entsteht ihm zufolge dann, wenn die Physiker sich damit abfinden, nur den Schein zu rationalisieren – und nicht mehr den Anspruch erheben, die Realität, die wahre Natur der Dinge zu erklären.[33] Schließlich entstand die moderne Wissenschaft an dem Tag, als Newton beschloß, das mathematische Gesetz der universellen Gravitation zu formulieren, ohne zu wissen, was die Gravitationskraft ist. Seit Newton hat sich diese Eigentümlichkeit unablässig verstärkt. Die moderne Physik nötigt uns, die uns umgebende Materie mit ganz anderen Augen zu sehen, und am Ende muß man sich sogar fragen, ob die von ihr betrachteten Objekte überhaupt real sind. Wie jedes Bemühen um Erkenntnis, das diesen Namen verdient, landet sie am Ende bei der Frage des Seins. Nun weiß man aber, daß diese uralte Frage, die im Zentrum unermüdlicher scholastischer Streitereien stand, zugleich eine der schwierigsten Fragen ist, schon weil die Antworten, die man darauf gibt, voller Verschachtelungen stecken: Das Wort „real" verweist auf den Existenzbegriff, der wiederum auf den Begriff des Seins verweist, der seinerseits auf den Begriff – der Realität verweist.

Die theoretische Vermittlung ist heute so stark geworden, daß sie die Physik nötigt, sich den „ödipalen" Problemen zu stellen, die sie an die Mathematik binden. Dies zeigt auch, daß – entgegen der These des Philosophen Henri Bergson – nicht die Intuition, sondern die Intelligenz die Bildung von Begriffen erlaubt, welche die physikalische Realität zu erklären vermögen. Das Denken ist auch ohne natürliche Führung und ohne apriorische Kategorien weiterhin erfinderisch. Die Physik erinnert schon durch ihre formale Struktur nachdrücklich daran, daß jedes Verstehen der Welt Umweg-Strategien erfordert.

Allerdings wird die Aneignung des Formalismus dadurch, daß er mit dem Anschaulichen und Intuitiven so wenig gemein hat, ausgesprochen schwierig. Das ist eine relativ neue Situation. Während des 19. Jahrhunderts hatten die Physiker sich um den Sinn ihrer Entdeckungen keine Gedanken zu machen brauchen. Sie beobachteten, was sie für „die große Maschine des Universums" hielten, und nahmen sich vor, deren Pläne so genau wie möglich festzustellen. Gewiß entsprachen die von ihnen herausgestellten Phänomene nicht immer dem sinnlichen Anschein (wir haben keinen angeborenen Sinn für den Magnetismus oder die Polarisation des Lichts), doch schienen sie einer widerspruchsfreien geistigen Darstellung zugänglich zu sein, und auch sehr mathematisierte Begriffe (Geschwindigkeit, Beschleunigung, Temperatur usw.) konnten nachträglich vom gesunden Menschenverstand mit allem Anschein der Natürlichkeit ausgestattet werden. Besonders die Quantenphysik hat dieser Bequemlichkeit ein Ende gemacht. Ihre Lesbarkeit hat im Vergleich zur klassischen Form stark abgenommen. Die Zusammenhänge zwischen Realität und Wissen haben den Anstrich der trügerischen Evidenz, den sie in den Anfängen der wissenschaftlichen Ära besaßen, verloren. Besonders durch den Abstand, den die Quantenphysik zwischen ihrem Formalismus und den physikalischen Ereignissen selbst geschaffen hat, wurde eine Bresche geschlagen, in die alle möglichen heiklen Fragestellungen und neuartigen Hypothesen hineingeströmt sind. Die Enthüllung, welche die entschiedene Mathematisierung der Wissenschaft ermöglicht, ist zugleich eine Verdunkelung. Es erhebt sich nämlich die Frage nach dem Verhältnis zwischen der Sache und dem Bild, welches die Wissenschaft von ihr zeichnet. Wenn der Teilchenbegriff dem des Zu-standsvektors weicht, welches Band besteht dann zwischen der Welt und ihrer Repräsentation? Was ist letzten Endes wirklich real? Das „ontologische Mobiliar" oder der Formalismus? Indem sie lernte, die Dinge zu manipulieren, hat die Wissenschaft gleichsam darauf verzichtet, in ihnen zu wohnen.

Der „Isolationismus" als Vorbedingung der Physik

Außerhalb der Kosmologie würde ein holistisches, also von vornherein globales Weltbild unwirksam bleiben. Die physikalische Betrachtung kann sich sinnvoll nur auf Systeme beziehen, die zunächst als eigene Systeme anerkannt werden. Um Ordnung in die Dinge zu bringen, muß man dieses von jenem unterscheiden: ein Tisch, nicht ein Stuhl, ein Elektron, nicht ein Photon.

Vorweg erfordert dies also eine Entzweiung: eine Wahl von Objektkategorien, die innerhalb der globalen Realität ausgesondert werden. Damit ein Objekt vom begrifflichen und praktischen Denken erfaßt und erkannt werden kann, muß es zunächst durch eine Vereinfachung der Realität abgegrenzt werden. Dieses unerläßliche erste Vorgehen, das die grundlegende Aufgabe erfüllt, die Objekte eines Zweiges der Physik zu definieren, indem es sie von der übrigen Natur isoliert, bezeichnen wir als „Isolationismus". Auch darin – in unserer Umgebung zu entscheiden, nach Belieben Objekte zu definieren, die man vom Rest unterscheidet und isoliert – war Galilei bahnbrechend: Er erklärte, man müsse die *subjektiven* oder *untergeordneten Qualitäten* vernachlässigen und solle nur die wichtigen Attribute der Objekte oder Phänomene beibehalten. Ehe man spricht, muß man also genau unterscheiden. Erst dann kann ich von einer Tasse auf einem Tisch und dem Tisch als von zwei getrennten Objekten sprechen, und ich kann die Eigenschaften und das Verhalten der einen beschreiben und dabei von dem anderen abstrahieren; ferner werde ich die Ansicht vertreten, daß ich einen Vorgang auf dem Sirius nicht zu berücksichtigen brauche, um den Fall eines Apfels in einem irdischen Obstgarten zu beschreiben, und ich werde ohne Zögern den Standpunkt einnehmen, daß die Beschleunigung, die ein Elektron in einem elektrischen Feld erfährt, nur von dem Wert des Feldes an dem Punkt abhängt, wo sich das Elektron befindet. Diese Einschränkungen sind so elementar, daß die Wissenschaft sie nicht einmal explizit in ihren Vorschriften erwähnt – sie verstehen sich von selbst; sie sind die notwendige Bedingung dafür, daß man Wechselwirkungen betrachten und Gesetzmäßigkeiten ermitteln kann. Ohne Klassen von Objekten oder Phänomenen, die aus einem Ganzen herausdifferenziert und klar identifiziert werden, wäre es unmöglich, Verhaltensweisen, Wechselwirkungen oder sonst etwas, worüber die Physik sprechen könnte, auszumachen. Die von der Physik anerkannten Objekte sind notwendigerweise isolierbar, zumindest in Gedanken. Die Physik ist somit von ihrer Konstruktion her das Gegenteil einer holistischen Betrachtung, die wieder den Vorrang des Ganzen gegenüber den Teilen behaupten und die umfassende Interdependenz der verschiedenen Realitäten verkünden würde.[34]

Kann die Physik auf diesem Weg unbegrenzt weitermachen? Möglicherweise werden es ihr die Nicht-Trennbarkeit und Nicht-Lokalität der Quantenphysik verbieten. Diese sagt uns ja, daß wir nicht mehr unter allen Umständen individuelle Objekte definieren können. Und wir können es auch nicht, wenn diese unmittelbar mit dem übrigen Universum in Wechselwirkung stehen, zum Beispiel mit den Quantenfluktuationen des Vakuums, der kosmischen Hintergrundstrahlung oder dem universalen Gravitationsfeld. Vergessen wir nicht, daß diese dem Quantenformalismus zugrundeliegende Nicht-Trennbarkeit in den achtziger Jahren experimentell nachgewiesen wurde. So können zum Beispiel zwei Photonen, die in der Vergangenheit in Wechselwirkung standen, auch dann, wenn sie sehr weit voneinander entfernt sind, ein untrennbares Ganzes bilden. In diesem Fall ist es nicht erlaubt, sie innerhalb des Ganzen, das sie bilden, individuell zu betrachten. Die Globalität ihres Verhaltens vereitelt jeden Versuch einer Erklärung im Sinne von unabhängigen Photonen, deren jedes wohldefinierte physikalische Eigenschaften besitzt. Die beiden Teilchen bleiben gewissermaßen verbunden durch ein Band, das weder vom Raum noch von der Zeit abhängt, und auch in Gedanken sind sie nicht zu trennen. Jede Einwirkung auf das eine wirkt sich unmittelbar auf das andere aus, mögen sie auch noch so weit auseinander sein.

Die anschließende Rekonstruktion

Das wissenschaftliche Vorgehen beginnt mit einer Trennung und geht weiter mit der Behauptung eines Zusammenhangs. Es würde fruchtlos bleiben, wenn es in der isolationistischen Phase verharrte. Dieser isolierenden Dekonstruktion muß eine Rekonstruktion folgen; kaum hat die Physik die Realität zerstückelt, muß sie sie zusammenfassen und vereinigen. Sie muß in der Vielfalt der von ihr isolierten Objekte Elemente der Ähnlichkeit erkennen, die durch eine gemeinsame Methode er-faßt werden können. Erst einmal getrennt, lassen diese Objekte sichtbar werden, was sie schließlich einem gemeinsamen Ansatz zugänglich macht.

Für diese vereinheitlichende Etappe führt die Wissenschaft und speziell die Physik Verwandtschaften, Beziehungen und Identifikationen ein, damit die Welt auf einheitliche Weise rekonstruiert werden kann, um Handlungsmöglichkeiten herzustellen. Alle Objekte einer Klasse können jetzt auf analoge Weise „erfaßt" werden. Sie lassen sich durch gemeinsame Gesetze beschreiben, die so einen universellen Charakter bekommen. Ein typisches Beispiel bietet die Gravitation: Ein künstlicher und ein natürlicher Satellit reagieren in gleicher Weise auf ihren Einfluß. Aus der Sicht der Mechanik enthalten die Adjektive „natürlich" und „künstlich" keine relevante Information, und deshalb hält sie nicht an ihnen fest. Desgleichen spricht die Physik den meisten Qualitäten der Sinneswelt jegliche Relevanz ab.

Ähnliche Hypothesen stellt der Physiker über die mikroskopische Welt auf. Er vergleicht die Teilchen im Hinblick auf ihre Merkmale und stößt dabei auf Gemeinsamkeiten. Er findet sogar Teilchen mit identischen Merkmalen: Zwischen einem Elektron und einem anderen besteht kein Unterschied. Man kann zum Beispiel in einem Wasserstoffatom das Elektron, das das Proton umkreist, durch ein beliebiges anderes „ersetzen", ohne daß sich an den physikalischen Eigenschaften des Atoms (oder der Welt) irgend etwas ändert.

Diese Ununterscheidbarkeit, eine der grundlegenden Hypothesen der Quantenphysik, macht aus dem Universum die in astronomischen Größenordnungen (mehr als 10^{80}) wiederholte Reproduktion einer begrenzten Anzahl von Elementarteilchen. Die Nachbildungen sind perfekte Kopien und nicht bloß ähnliche Objekte, wie es zwei Autos sind, die vom selben Montageband laufen. Wir können einem Elektron kein Etikett auf die Stirn kleben, durch das es sich von seinesgleichen unterscheiden würde. Diese Ununterscheidbarkeit der identischen Teilchen äußert sich im Pauli-Prinzip. Es erleichtert die Aufgabe der Teilchenphysiker enorm, denn diese brauchen nicht zwischen großen und kleinen, nagelneuen und uralten Elektronen zu unterscheiden.

Dieses Verfahren in zwei Etappen, einer trennenden und einer vereinenden, scheint gut zu funktionieren. Man trennt und versammelt in ein und derselben dialektischen Bewegung, und daher rühren die Kraft und die Reichweite des wissenschaftlichen Vorgehens. Es wird durch ebendiese Bewegung definiert. Wir könnten nichts aussagen, wenn wir nicht beschlössen, die Welt in Objekte oder wenigstens in getrennte Systeme aufzuteilen. Ebensowenig könnten wir etwas aussagen, wenn diese Objekte nicht sogleich Ähnlichkeiten und Wechselwirkungen aufwiesen. Vielleicht liegt es an dieser doppelten Bewegung der Entzweiung und Einigung, daß die Welt verständlich erscheint – ein „Wunder", über das Einstein bekanntlich staunte.

Die Durchbrüche des Reduktionismus

> Der Mensch behauptet manchmal, Materie zu sein, nichts als Materie, denkende Maschine, begehrende Gelatine; und je mehr er sich auf diese Behauptung versteift, wobei die Hilfsmittel der Reflexion und der Urteilskraft seine einzigen Waffen sind, desto mehr beweist er die Lehnsherrlichkeit eines Geistes, der allein fähig ist, Sinn zu verleihen. Denn die Negation des Gedankens ist wieder ein Gedanke.
> *Vladimir Jankélévitch*

Die erste (zumeist unbewußte) Arbeit des Wissenschaftlers ist also isolationistischer Natur. Er muß aufschneiden, sezieren, dekortieren, das Objekt seiner Untersuchung vom Rest der Welt isolieren. Diese erste Etappe hat a priori nichts von einem unitarischen Ansatz, da sie dazu führt, daß die Welt als eine Aufreihung voneinander isolierter Entitäten betrachtet wird. Doch in einem zweiten Schritt kann eine Rekonstruktion unternommen werden, deren Ziel die Einigung ist. Sie erlaubt – im Unterschied zu einem pauschalen holistischen Ansatz –, zuvor getrennte Bereiche zusammenzufassen und zu koordinieren: Bereiche, die auf ihrer jeweiligen Ebene verständlich sind und eine eigene Einheit darstellen, die, wenn möglich, auf die anderen Ebenen ausgedehnt werden soll.

Seit Ende des 17. Jahrhunderts hat sich die atomistische Ontologie der Newtonschen Mechanik als Modell der Naturwissenschaften durchgesetzt. Die fundamentalen Gesetze erstrecken sich nach dieser Konzeption ausschließlich auf eine elementare lokale Ebene, deren Verhalten sie beschreiben. Das Globale wird mathematisch vom Lokalen her rekonstruiert, so daß eine Verbindung in beiden Richtungen entsteht. Die Struktur eines Systems zu verstehen bedeutet in dieser Sicht, seine Gesamtphysiognomie aus den Eigenschaften der es bildenden Elemente abzuleiten. Der (gelegentlich als „vertikal" bezeichnete) Reduktionismus besteht darin, die Beschreibung eines Typs von Objekten oder Systemen auf die Beschreibung von elementareren Objekten zurückzuführen. Er bezieht sich, genauer gesagt, „auf die Beziehungen zwischen den Beschreibungen der gleichen Phänomene, die von Theorien geliefert werden, welche zu Erkenntnisschichten unterschiedlicher Tiefe gehören".[35]

Das Vorgehen der Physiker besteht darin, die Materie im Sinne ihrer „kleinsten" möglichen Bestandteile, Moleküle, Atome und Teilchen, zu analysieren. Sie ermitteln die fundamentalen Gesetze in möglichst geringer Zahl, um die Verhaltensweise dieser elementaren Bausteine zu beschreiben. Der Reduktionismus besteht in der Annahme, daß alle Phänomene auf die Eigenschaften dieser konstitutiven Elemente und damit auf die kleine Zahl entsprechender Gesetze zurückführbar sind. Die Beschreibung „großer" Objekte wird so auf die von Objekten eines anderen Bereichs zurückgeführt, der als elementarer und fundamentaler gilt: Die Kernphysik wird interpretierbar durch die Physik der Teilchen (der Quarks und Gluonen), die Biologie durch die Molekularchemie, die Chemie durch die Physik usw. Dieses Vorgehen führt mehrere Bereiche – und ihre Gesetze – schließlich auf einen einzigen zurück, der als fundamentaler gilt. In diesem Sinne ist jeder Reduktionismus vereinheitlichend.

Als Beispiel wird zumeist auf die Zusammenhänge verwiesen, die in der Physik des 20. Jahrhunderts zwischen Mechanik und Thermodynamik bestehen: Die erstere erklärte, wie die Körper im Ruhezustand oder in Bewegung eine Wirkung aufeinander ausüben; die letztere beschrieb die Wärme als eine Substanz, die sich spontan vom Heißen zum Kalten entwickelt. Das reduktionistische Vorgehen machte die Vereinheitlichung dieser beiden Theorien möglich: Wenn man nämlich annimmt, daß die Materie aus Teilchen (Atomen oder Molekülen) besteht, deren Bewegungen den Gesetzen der Mechanik gehorchen, braucht man nur die Wärme mit dem Ausmaß der Bewegung dieser Teilchen gleichzusetzen, und schon werden die Gesetze der Thermodynamik zu einem Sonderfall der Gesetze der Mechanik, wobei die Wärmeübertragung durch Gesetze erklärt wird, die für die Übertragung der Bewegung der Atome und Moleküle verantwortlich sind. So konnte man sagen, die Thermodynamik sei auf die Mechanik „zurückgeführt".

Die Gelehrten der letzten Jahrhunderte machten sich einen solchen Reduktionismus, von dem die Physik von Beginn an geprägt zu sein scheint, ungeniert zu eigen. Im 17. Jahrhundert verkündeten sie, daß „die physische Natur sich aus einer einzigen allgemeinen Materie zusammensetzt, die qualitativ neutral ist und sich nur hinsichtlich Größe, Form und Bewegung der Teilchen, in die sie sich gliedert, unterscheidet. Alle nahmen an, das Programm der Naturphilosophie bestehe darin zu zeigen, daß alle Naturphänomene das Ergebnis der wechselseitigen Wirkung der Materieteilchen sind, die ausschließlich durch direkten Kontakt aufeinander einwirken".[36] Das mechanistische Programm war klar formuliert, und Descartes und Newton entsprachen ihm. Hätte sich die Physik auf andere Weise konstituieren können?

Für die Wissenschaftshistoriker war es Robert Boyle, der, wie gesagt, die Chemie eines Aristoteles oder Paracelsus gegen eine mechanistische Chemie vertauschte und damit die Grundlagen der modernen Chemie schuf. Kann man sich ein noch reduktionistischeres Programm denken als Boyles Ablehnung von Elementen und Prinzipien und sein alleiniges Geltenlassen der qualitativ neutralen Materie, aus deren nur in Größe, Form, Bewegung verschiedenen Teilchen das entsteht, was für Chemiker „Substanzen" sind?[37] Von Anfang an wurde diese Denkweise kritisiert. Als Anhänger der Korpuskulartheorie des Aufbaus der Materie glaubte Pierre Louis Moreau de Maupertuis (1698–1759), daß die rein materiellen physikalischen Kräfte nicht imstande sind, elementare Lebenserscheinungen zu erklären, so wie auch das Bewußte nicht aus dem Unbewußten hervorgehen kann: „Die Bildung eines organisierten Körpers wird man niemals allein mit den physikalischen Eigenschaften der Materie erklären", schreibt er in *Système de la nature*. Die Diskussion darüber ist bekanntlich noch immer nicht beendet.

Für Karl Popper (1902–1994) ist der Reduktionismus das höchste Ziel des Forschers, die Vollendung des ganzen Unternehmens der Erkenntnis. Auch Einstein verteidigt die Idee, daß die Vereinheitlichung der Wissenschaft notwendig an eine radikale Form von Reduktionismus geknüpft sei; 1918 erklärt er, die höchste Aufgabe der Physiker sei „das Aufsuchen elementarer Gesetze, aus denen durch Deduktion das Weltbild zu gewinnen ist".[38]

Der Reduktionismus scheint gleichbedeutend mit der Physik zu sein (im übrigen sind wohl die Physiker für die zur Banalität gewordene Idee verantwortlich, Wissenschaft zu betreiben heiße, das Komplexe auf das Einfache zu reduzieren). Er wirkt praktisch wie ein unerläßliches, gewinnbringendes und sicheres Werkzeug. Nach Karl Popper muß jeder

Wissenschaftler methodologisch Reduktionist sein und danach streben, Tatsachen, die eine Disziplin aufgrund einer bestimmten Ontologie erklären würde, in die Ontologie einer anderen Disziplin zu integrieren. Es besteht für ihn kaum ein Zweifel, daß, so ausgedrückt, dieser Reduktionismus zu den gewaltigsten wissenschaftlichen Entdeckungen führt. Vor der statistischen Physik war die Thermodynamik nur ein eleganter und kohärenter Satz empirischer Regeln ohne Begründung. Erst die statistische Physik vermochte all ihren Begriffen einen Sinn zu geben und sie vor allem mit den Begriffen anderer Disziplinen so zu verknüpfen, daß sie Teil einer großen einheitlichen Vision wurde. Man könnte auch die Erkenntnis des molekularen Aufbaus der Materie, des atomaren Aufbaus der Moleküle und der Teilchenstruktur der Atome anführen – alles grundlegende Fortschritte der Physik. Auch wenn es nicht möglich ist, von einer tieferen Ebene aus alles auf einer bestimmten Ebene zu berechnen, so beruht unser Verständnis der Dinge doch gänzlich auf dieser Reduktion, an der sich die gesamte praktisch orientierte Forschung ausrichtet.

Ist diese Vision allzu optimistisch? Oder allzu naiv? Ist der Reduktionismus wirklich der Kern des wissenschaftlichen Vorgehens?[39] Müssen ihm die beeindruckendsten Ergebnisse der Physik zugeschrieben werden? Ist er die unerläßliche Begleiterscheinung der „harten Wissenschaften", ist er gar die Bedingung ihrer Existenz, wie es sein augenscheinlicher Erfolg nahelegt? Zur Beantwortung dieser Fragen muß man zwischen dem operativen und dem philosophischen oder metaphysischen Standpunkt unterscheiden.

Die Hindernisse des Konstruktionismus

Angesichts der beeindruckenden Erfolge der neuesten Quantenphysik konnte Dirac 1929 schreiben: „Die fundamentalen physikalischen Gesetze, die für die mathematische Theorie des größten Teils der Physik und die gesamte Chemie notwendig sind, sind damit vollständig bekannt, und die Schwierigkeit ist nur, daß die Anwendung dieser Gesetze zu Gleichungen führt, die viel zu kompliziert sind, als daß man sie lösen könnte."[40] Dirac deckt hier die fundamentale praktische Beschränkung des Reduktionismus auf. Jedes makroskopische System enthält Abermilliarden Teilchen, für die genauso viele Gleichungen gelten, die deren individuelle Entwicklung miteinander verbinden. Kein noch so mächtiger Computer könnte die Gleichungen lösen, welche diese Systeme beschreiben, um die makroskopischen Eigenschaften zu ermitteln. Leichter zu handhaben sind die makroskopischen Gesetze, die entweder empirisch oder ausgehend von allgemeinen, auf einer geeigneteren Ebene wirksamen Prinzipien bestimmt werden. Noch heute, sechzig Jahre nach Diracs Erklärung, erhält man keine exakten Lösungen für die Schrödingergleichung, außer in ganz besonderen Fällen wie dem von Atomen oder Ionen mit nur einem Elektron. Äußert sich darin die Ohnmacht unserer Computer, oder enthüllt dies die Existenz einer fundamentaleren Schranke?

A. J. Leggett, ein auf verdichtete Materie spezialisierter Physiker, erklärte 1983 in Tokio bei einem Kolloquium über die Grundlagen der Quantenmechanik: „Auch in dem Fall, wo nach verbreiteter Meinung eine Theorie ‚höheren Niveaus‘ auf eine Theorie ‚tieferen Niveaus‘ reduziert werden kann, zum Beispiel die Physik des Festkörpers auf die Atomtheorie und den Elektromagnetismus, handelt es sich um eine vollkommene Illusion. Ich wette, daß keiner der Anwesenden in der Lage ist, ausgehend von den Gesetzen der Atomtheorie und des Elektromagnetismus das Ohmsche Gesetz[41] für ein reales Sample streng zu beweisen."[42]

Es ist tatsächlich leicht, das Ohmsche Gesetz aus einfachen Experimenten mit Stromkreisen empirisch herzuleiten, aber sehr schwierig, es allein aus dem Quantenformalismus zu deduzieren. Dennoch zweifelt kein Physiker daran, daß das Ohmsche Gesetz mit den fundamentalsten Prinzipien der Physik zumindest kompatibel ist, auch wenn man es nicht aus ihnen herleiten kann. Andernfalls wäre die Physik nicht widerspruchsfrei. Wenn man nur die fundamentalen Gleichungen kennt, hat man noch keinen Zugang zu allen Schlüsseln, kann man nicht in jedem Fall das Verhalten der Objekte, für die diese Gleichungen gelten, beschreiben, denn es sind nicht die Gleichungen, sondern ihre – nicht immer berechenbaren – Lösungen, die Zugang zur Beschreibung der physikalischen Phänomene verschaffen. Wenn die Kenntnis der Gleichung nicht gleichbedeutend mit der Kenntnis der Lösung ist, so ist die Kenntnis des Formalismus nicht gleichbedeutend mit der Kenntnis des Phänomens. Es ist in der Praxis sehr schwierig, wenn nicht unmöglich, aufgrund der Gleichungen, die für ein komplexes System gelten, dessen Eigenschaften zu finden. Dieses Scheitern des „Konstruktionismus" setzt den Ambitionen eines auf die Spitze getriebenen Reduktionismus in der Praxis sicherlich Grenzen.

Die Beispiele für diese Feststellung ließen sich vermehren. Die Entwicklung der Planetenbahnen des Sonnensystems ist auf sehr lange Sicht nicht exakt zu berechnen, und doch denkt niemand daran, nur aus diesem Grund die Geltung der Gesetze der Newtonschen Physik in Frage zu stellen. Praktisch ist es unmöglich, die Chemie auf die Atomphysik und die Quantenphysik zu reduzieren, doch wird man schwerlich behaupten können, daß dies theoretisch nicht möglich sei. Auch die Kernphysik ist nicht auf die Theorie der Quarks rückführbar, weil die Physiker nicht imstande sind, aufgrund der Gesetze für das Verhalten der Quarks, aus denen sich die Kerne zusammensetzen, konkret die Eigenschaften der Atomkerne zu berechnen. Wenn eine solche Reduktion aber prinzipiell nicht möglich wäre (nachdem man die richtige Methode gefunden hat), hieße das, daß unsere Theorie der Quarks unvollständig oder ungenau ist. Denn was ist von einer Theorie der Quarks zu verlangen, wenn nicht, daß sie vor allem das Verhalten der Nukleonen und der Atomkerne erklärt?

P. Oppenheim und H. Putnam stellen die Dinge klar: „Es ist nicht abwegig anzunehmen, daß es eines Tages gelingen wird, die psychologischen Gesetze mit dem Verhalten der individuellen Neurone im Gehirn zu erklären, das Verhalten einzelner Zellen – auch der Neurone – mit der biochemischen Konstitution zu erklären, und schließlich das Verhalten der Moleküle – auch der Makromoleküle, aus denen die Lebewesen bestehen – mit der Atomphysik zu erklären. Dennoch wäre der Versuch, das Verhalten eines Menschen direkt aus seiner Konstitution auf der Ebene der Elementarteilchen herzuleiten, vollkommen undurchführbar."[43] Eine weise Beschränkung, die bisweilen auch so formuliert wird: Mozarts G-Dur-Sonate hätte man niemals aus dem Zustand seines Gehirns erklären können. Die Einheit der Wissenschaft ist nicht mehr als eine Arbeitshypothese. Würde man das vergessen und damit in einen ontologischen Reduktionismus verfallen, gäbe man jede wissenschaftliche Erkenntnis der Realität auf.

Seinen Sinn erhält der Reduktionismus hauptsächlich auf der metaphysischen Ebene. Die wissenschaftliche Forschung braucht, wie Karl Popper erklärt, über sich gerade ein metaphysisches Programm. Nichts spricht gegen die Annahme, daß Realitäten sich wirklich aufeinander zurückführen lassen. Wäre es anders, brauchte man keine Physik mehr zu betreiben. Auch wenn es schwierig ist, die Beschreibung (nicht die Erklärung) von Phänomenen auf der einen Ebene auf die Beschreibung des Funktionierens einer tieferen Ebene zurückzuführen, kann man gleichwohl die makroskopischen Systeme als Zusammenballungen mikroskopischer Bestandteile betrachten, die von den auf ihrer Ebene geltenden Gesetzen bestimmt werden.

Es gibt keinen systematischen Ansatz, der die vollständige Rekonstruktion einer höheren Ebene oder die Ableitung ihrer Gesetze von einer tieferen Ebene aus erlaubt. Auf unüberwindliche Schwierigkeiten stößt man regelmäßig in der Praxis, da die fundamentalen Gesetze keine Handhabe bieten, um die konkreten Probleme der übrigen Wissenschaft anzusprechen. Es ist zum Beispiel unmöglich, aus den fundamentalen Gesetzen der Teilchenphysik einen Formalismus herzuleiten, der die Pion-Nukleon-Streuung bei niedriger Energie zu beschreiben vermag. „Die Teilchenphysik", bemerkt Jean-Marc Lévy-Leblond, „war aus dem Wunsch entstanden, die Kernphysik zu verstehen, die ihrerseits durch die Probleme der Atomphysik erzeugt wurde. Lange hat man geglaubt, man brauchte nur eine dieser russischen Puppen nach der anderen zu öffnen, um auf dem Gesicht der letzten die Antwort auf die Rätsel zu lesen, die der Ausdruck der vorletzten aufwarf, und auf diese Weise würde man Schritt für Schritt weiterkommen. Tatsächlich haben die einzelnen Etappen der mikroskopischen Physik sich als eine sich erweiternde Spirale erwiesen, und Rückläufigkeit hat sich nicht eingestellt."[44] Man kommt nicht ohne empirische Daten aus, auch wenn sich zwischen Kernphysik und Teilchenphysik immer mehr Überschneidungen ergeben.[45] Die Begriffe der Symmetriebrechung, der Renormierungsgruppe und der Skaleninvarianz können von der fundamentalen Ebene, auf der sie aufgetaucht sind, nicht direkt auf die operationale Ebene übertragen werden. Unsere Darstellung der physikalischen Welt scheint in Schichten organisiert zu sein, die quasi unabhängig voneinander sind, so als müßten die Begriffe ihre Natur ändern, je höher man steigt. Daran mag es liegen, daß wir die Teilchenphysik, früher die Primadonna der Physik, nicht mehr als Königin der Wissenschaften bezeichnen können. Die Existenz des top-Quarks[46] bleibt – so wie die Existenz eines beliebigen schweren Teilchens, das beim CERN oder anderswo entdeckt wurde – ohne unmittelbare Folgen für die Physiker der verdichteten Materie, mag die intellektuelle Bedeutung, die sie einer solchen Entdeckung beimessen, noch so groß sein.

Vom Einfachen her ist das Komplexe nicht völlig zu erfassen, und das heißt: Das Wissen hat nicht den Bauplan einer russischen Puppe. Die Unterschiede zwischen groß und klein, zwischen einfach und komplex, erfordern einen veränderten Ansatz in dem Maße, wie die Anzahl der Freiheitsgrade des Systems steigt. Es ist also möglich, daß man beim Übergang von einer Ebene der Beschreibung zur höheren auf Prinzipien, Begriffen und Formulierungen zurückgreifen muß, die anders sind. Aber diese erzwungene Anpassung der Darstellungsformen bedeutet nicht notwendigerweise, daß die „Emergenzen", auf die man auf dem Weg durch die Komplexitätsebenen stößt, qualitativ neu und nicht bereits auf der fundamentaleren Ebene virtuell aktiv sind.

Die Mathematiker wissen zum Beispiel, daß die einfachsten Gleichungen sehr komplexe Lösungen haben können, Lösungen, die zu untersuchen manchmal unmöglich ist. So bietet die Arithmetik vielfältige Probleme, deren Formulierung einfach, deren Lösung aber schwierig, wenn nicht unmöglich ist. Wie viele Seiten füllt der Beweis des Fermatschen Satzes, dessen Aussage, für jeden Schüler verständlich, in zwei Zeilen paßt?

Der isolationistische Ansatz muß seiner Natur nach einen Großteil der Eigenschaften der Objekte vernachlässigen. Möchte man die Bewegung der Erde um die Sonne beschreiben, muß man darauf verzichten, die korrelierten Bewegungen der Milliarden von Atomen, aus denen die Erde besteht, zu betrachten. Folgt man den Regeln des Isolationismus, muß man, um die Gesetze der Gravitation anzuwenden, die Erde als einen Körper betrachten, der „bloß" eine Masse, eine Geschwindigkeit und ein Trägheitsmoment hat. Wenn man größere Genauigkeit wünscht, kann man natürlich mehr Parameter berücksichtigen (etwa durch Einbeziehung der Gezeiten). Es wäre jedoch absurd, das Verhalten jedes einzelnen Atoms zu studieren. „Die Physik hat", wie Dominique Lecourt schreibt, „schon immer ihre Objekte konstruiert; diese Konstruktion, die mit der Versuchsanordnung erfolgt, äußert sich immer in einer Abgrenzung von Phänomenen, die die Nichtberücksichtigung bestimmter Merkmale fordert, welche per Beschluß für ‚vernachlässigbar' erklärt werden".[47] Man kann also sagen, daß das „Objekt" einer Wissenschaft, was immer es sei, erst dann klar wird, wenn es dieser Wissenschaft gelungen ist, in einem hinreichend fortgeschrittenen Stadium ihrer Entwicklung ihre Prinzipien zu formulieren, jene allgemeinen Behauptungen also, die ihr Fundament bilden. Wenn eine Wissenschaft ihr Objekt identifiziert, leistet sie

Michel Paty zufolge eine wirkliche Vereinheitlichung: „Die Prinzipien, die das Objekt einer Wissenschaft vernünftig definieren – also die, welche erlauben, es zu fassen –, erhält man am Ende eines Prozesses der Vereinfachung und Verallgemeinerung, der nichts anderes ist als ein Prozeß der Einheit."[48] Die Frage des Objekts oder der Objekte einer Wissenschaft hängt also eng mit der Entwicklung einer unitarischen Vision zusammen.

Die Schwierigkeiten des Konstruktionismus dürfen nicht als Argument gegen den Reduktionismus im engeren Sinne verwendet werden, der für die Physik schlechthin konstitutiv zu sein scheint. Um nochmals Michel Paty zu zitieren: „Würde man die Suche nach dem Fundamentalsten mit der bloßen Reduktion auf das elementarste Objekt gleichsetzen, beginge man den Fehler einer positivistischen Hierarchisierung der Wissenschaften. Das ‚einfache' Objekt erzeugt nicht ‚einfach' das komplexe Objekt, denn ihre Verschachtelung ist eine wechselseitige; im übrigen sind die Begriffe des Elementaren, des Einfachen und des Komplexen schon vom Geist konstruiert. Sie existieren nicht ‚an sich' und haben keinen ‚natürlicheren' Status als jeder andere Begriff; Wegweiser für das Denken, erlauben sie die Erfassung seines Objekts, das sie jedoch nicht erschöpfen und das von keiner direkten Erfassung zu erreichen ist."[49]

Indem die Physik ihre Objekte zunächst einmal isoliert und anschließend wieder verknüpft, nimmt sie stillschweigend an, daß das Makroskopische eine Extrapolation des Mikroskopischen sei. Wer nicht sagen möchte, daß der Atomkern sich so verhält, wie wir es beobachten, weil er aus Quarks zusammengesetzt ist, die Gluonen austauschen, verzichtet auf den Geist der Physik überhaupt – und auf ihre Effizienz. Es ist daher verlockend, den Anwendungsbereich der Physik als denjenigen zu definieren, in dessen Rahmen zumindest theoretisch der Reduktionismus angewandt wird.

Die Grenzen des Reduktionismus

Bezüglich der Physik haben die Verleumder des Reduktionismus also zweifellos unrecht, aber wenn man die Physik verläßt, haben sie sicherlich mehr Argumente.

Darf man sagen, die Biologie sei nur eine Angelegenheit der Chemie und chemische Reaktionen reichten aus, um die Phänomene des Lebens verständlich zu machen? Es gibt ja Versuche, die Biologie auf die Zellen oder, je nachdem, auf die Gene zu reduzieren, so wie man die Intelligenz auf die Neurone zu reduzieren versucht. Daß sie praktisch nicht zu verwirklichen sind, steht außer Frage. Wenn versucht wird, das Leben ausschließlich durch die Erforschung der an seiner Bewegung teilnehmenden leblosen Objekte zu beschreiben, darf man das sicher als eine grobe Vereinfachung bezeichnen, ohne deshalb dem Vitalismus zu verfallen. Das Gen, das Molekül, das Atom oder das Ion gehören unbestreitbar zum Leben, nehmen am Leben teil, doch ihre Erkenntnis ist, wie weit sie auch gehen mag, nicht gleichbedeutend mit der Erkenntnis des Lebens. Das Leben genießt weiterhin eine Art „Extraterritorialität", wie François Dagognet sagt.[50] Kein Objekt der Physik besitzt ja gegenüber den anderen eine so große Spezifität wie das Lebende, und so besteht für den auf die Spitze getriebenen Physikalismus die große Gefahr, daß er den Bereich der Eigenschaften des Lebenden amputiert. Die mechanistische Betrachtung, die allein das Substrat herauslöst und hervorhebt, scheint das Lebende zu verkennen. Aber wie soll und kann man das Lebende „an sich", unabhängig von der Materie, erforschen? Paul Ricœur, den Jacques Testart zitiert,[51] bemerkt dazu: „Seit der Renaissance gilt allein das Nicht-Lebende als erkennbar; das Lebende muß also darauf reduziert werden; insofern steht unser ganzes Denken unter der Herrschaft des Todes [...]."

Einstweilen interessiert es die Biologen wenig, daß die von ihnen erforschten Protonen, Moleküle und Zellen Quarks und Gluonen enthalten. Sie müssen Begriffe bilden, für die es in der Physik weder eine Entsprechung noch ein Gegenstück gibt: die Biologie ist keine angewandte Physik. Auch von einem metaphysischen Standpunkt aus fällt es schwer, im Leben – und um so mehr in der Intelligenz – nicht die Emergenz von etwas Neuem im Vergleich zur Materie zu sehen, die mit dem Wort „unbelebt" genau bezeichnet wird. Es ist daher zweifellos schwerer, den Reduktionismus auf die Wissenschaften vom Leben anzuwenden.

Auch die Quantenphysik könnte – freilich aus anderen Gründen – die Berechtigung des Reduktionismus, wie wir ihn oben definiert haben, beschränken. Eigentlich sollte der Reduktionismus ja alles auf eine Beschreibung von mikroskopischen Wechselwirkungen zurückführen, die zum Quantenbereich gehört. Die Entwicklung eines Quantensystems erfordert jedoch, daß man den Begriff der Wellenfunktion oder den von Quantenfeldern benutzt. Das sind Objekte, die sich nicht ableiten lassen; die Wellenfunktion etwa eines Moleküls läßt sich unter keinen Umständen auf eine Überlagerung von Wellenfunktionen lokalisierter Atome, aus denen dieses Molekül besteht, reduzieren, und zwar wegen der quantenphysikalischen Nicht-Trennbarkeit, von der oben die Rede war. Man kann weder die Moleküle auf Atome noch die Atome auf Teilchen reduzieren, weil es in Wirklichkeit weder Moleküle noch Atome noch Teilchen als solche gibt. Die quantenphysikalische Nicht-Trennbarkeit könnte also, wie ihre Bezeichnung nahelegt, die Zerlegung der physikalischen Systeme in einfache Elemente unmöglich machen.

Der Nimbus des Einen

Weil das so ist, bleibt die Physik, statt universell zu sein, vielfältig und zerstückelt. Ist dieser als unvollkommen empfundene Zustand etwas Vorübergehendes? Die Einheit der Physiker scheint befriedigend zu sein, zahlreiche Zweige der Physik stellen sich als quasi vereinheitlicht dar. Man kann sich aber fragen, ob es nicht noch unentdeckte Begriffe und Prinzipien gibt, die eine sehr viel weitergehende Vereinheitlichung erlauben würden. Daß dies alles andere als sicher ist, hängt wohl unter anderem mit dem historischen Charakter der Wissenschaft zusammen. Oft kann man eine Entdeckung mit ihren Besonderheiten als eine Synthese deuten. Fast immer zieht sie jedoch neue theoretische Ideen, die Vorhersage oder Beobachtung neuer Phänomene nach sich.

Henri Poincaré[52] erklärte zu Beginn des Jahrhunderts: „In der Geschichte der Entwicklung der Physik unterscheidet man zwei entgegengesetzte Tendenzen. Einerseits entdeckt man in jedem Augenblick neue Verbindungen zwischen den Objekten, welche scheinbar immer getrennt bleiben sollten; die zerstreuten Tatsachen[53] hören auf, einander fremd zu sein; sie ordnen sich immer mehr zu einem gewaltigen Gebäude. Die Wissenschaft strebt nach Einheit und Einfachheit. […] Andererseits offenbart uns die Beobachtung täglich neue Erscheinungen; diese müssen lange auf einen Platz im Gebäude warten, und manchmal muß man eine Ecke niederreißen, um ihnen Platz zu machen. Sogar in den bekannten Erscheinungen, bei denen uns unsere groben Sinneswerkzeuge die Gleichartigkeit zeigten, bemerken wir Einzelheiten, die von Tag zu Tag mannigfaltiger werden; was wir für einfach hielten, wird wieder kompliziert und strebt scheinbar nach Mannigfaltigkeit und Kompliziertheit."[54] Während wir in der Erkenntnis voranschreiten und bisher getrennte Phänomene in einer globalen Vision zusammenfassen, treten neue Prozesse zu der jeweiligen globalen Vision hinzu, ohne gleich zu ihrem Bestandteil zu werden. Wer hätte etwa im 17. Jahrhundert daran gedacht, die nuklearen Wechselwirkungen mit der übrigen Physik zu verschmelzen?

Allmählich versteht man also, was geschieht. Jede erfolgreiche Etappe ist ein Stück Vereinheitlichung. Zugleich macht sie aber neue Elemente sichtbar, die neue, weitergehende Vereinheitlichungen verlangen, so daß der Prozeß nie zu enden scheint. Außerdem werden die Dinge immer komplizierter und formaler. Der Mangel an Einheit der Welt ist jedenfalls nicht der Welt selbst, sondern eher der Unfähigkeit unseres schwerfälligen Denkens zuzuschreiben. Die Idee dieser Einheit existiert aber zweifellos auch nur in unserem Denken, und so kann die Physik weiterexistieren und fortschreiten.

Den Ehrgeiz, den Stand der Erkenntnis zu bestimmen, haben die Physiker ja nie aufgegeben. Während die wissenschaftlichen Disziplinen sich augenscheinlich vermehren oder zumindest vermischen, bleibt das Projekt, den Bereich der Erkenntnis zu vereinheitlichen, lebendig. Erwin Schrödinger schrieb 1944, man spüre, daß man seit kurzem sichere Daten habe, um alles vorhandene Wissen in eins zusammenzufassen; auf der anderen Seite aber sei es fast unmöglich geworden, mehr als nur einen winzigen Spezialbereich des Ganzen zu bewältigen. Um nicht das Ziel völlig aus den Augen zu verlieren, sehe er keinen anderen Ausweg aus diesem Dilemma, als zuzulassen, daß einige Wissenschaftler den Versuch einer Synthese aller empirischen Daten und der Theorien wagten: und sei es auf der Basis unvollständiger Erkenntnisse, von Erkenntnissen aus zweiter Hand, und mit dem Risiko, sich lächerlich zu machen.[55]

Doch hier stellt sich eine allgemeine Frage: Sprengt ein solches Projekt nicht den Rahmen der Wissenschaft, wo sich in ihm doch, jedenfalls zu Anfang, ein metaphysisches Motiv äußert? Mündet das methodologische Streben nach Einheit möglicherweise in die ontologische Behauptung der Einheit in der Welt?

Als Dirac Ende der zwanziger Jahre an seiner Theorie der „Löcher" arbeitete, der Voraussetzung für die Theorie der Antiteilchen, sprach er zunächst lieber davon, daß diese Löcher Protonen entsprechen, als Elektronen mit positiver Ladung. 1930 war das Proton tatsächlich zusammen mit dem Elektron das einzige geladene Elementarteilchen, das man kannte. Aus Gründen der Einfachheit und der Ästhetik wollte Dirac keine neue Entität einführen, die niemand beobachtet hatte. Er dachte, wenn man das Proton mit einem von einem

Elektron offengelassenen Zustand negativer Energie gleichsetzen könnte, würde sich die Anzahl der Elementarteilchen auf eins reduzieren, das Elektron. Eine solche Einfachheit wäre „der Traum der Philosophen" gewesen, wie er später erklärte.[56] Das Vielfache wählt man nie, man findet sich damit ab. Statt dessen galt es wohl oder übel, das Positron zu wählen. Dirac verdoppelte die Anzahl der Elementarteilchen und eröffnete die Welt der Antimaterie.

Es ist nicht anstößig, daß es für unterschiedliche Bereiche eigene Theorien gibt, auch dann nicht, wenn diese Theorien die gleichen Objekte betreffen, nur aus einem anderen Blickwinkel. Trotzdem kann sich ein Krisengefühl einstellen, wenn man merkt, daß ein kontinuierlicher Übergang von einer Theorie zur anderen nicht möglich ist. Ist dieser Mangel an theoretischer Geschmeidigkeit nicht eine Form von Unordnung?

Manche finden die Ebene der Mikrophysik fundamentaler als die anderen Ebenen, haben aber große Schwierigkeiten, aus ihr die Gesetze für die makroskopische Ebene abzuleiten. Ist die Physik, die durch den allgemeinen Gebrauch der mathematischen Sprache scheinbar homogen wurde, nicht in Wirklichkeit in irreduzible Disziplinen zerbrochen? Auch wenn manche sie beschwören – ihre Einheit scheint nicht gesichert zu sein. Ist es im übrigen vernünftig, auf eine globale Formulierung der Erkenntnis zu hoffen? Zeugt nicht schon der Begriff einer Erklärung der Welt von ungeheuerlicher Anmaßung? Das menschliche Denken erinnerte oft mehr an eine Serie dumpfer Geräusche, gelegentlich unterbrochen von grellen Tönen, als an einen harmonischen Prozeß der Synthese.

Anmerkungen

[1] Zu ihnen gehörten die Mechanik, die geometrische Astronomie, die Optik, die Akustik, die Pneumatik und die Analyse der Zufälle.
[2] J. L. R. d'Alembert, *Essai sur les éléments de philosophie*, S. 367.
[3] M. Paty, *La Matière dérobée*, S. 45.

4 E. Amaldi, „The unity of physics", S. 21.

5 Das ganze Zitat lautet: „Wenn die alte Tragödie durch den dialektischen Trieb zum Wissen und zum Optimismus der Wissenschaft
aus ihrem Gleise gedrängt wurde, so wäre aus dieser Tatsache auf
einen ewigen Kampf zwischen der *theoretischen* und der *tragischen
Weltbetrachtung* zu schließen; und erst nachdem der Geist der Wissenschaft bis an seine Grenze geführt ist und sein Anspruch auf
universale Gültigkeit durch den Nachweis jener Grenzen vernichtet
ist, dürfte auf eine Widergeburt der Tragödie zu hoffen sein: für
welche Kulturform wir das Symbol des *musiktreibenden Sokrates,* in
dem früher erörterten Sinne, hinzustellen hätten." Nietzsche, *Die
Geburt der Tragödie,* S. 105 f. (A.d.Ü.)

6 Vgl. M. Pary, *L'Analyse critique des sciences.*

7 J. Benda, *Exercices d'un enterré vif.*

8 Frédéric Joliot-Curie, Auszug aus einer 1947gehaltenen Rede vor der
UNESCO, zitiert von C. Chrétien in *La science à l'œuvre,* S. 34.

9 J. Maritain, *Le Songe de Descartes.*

10 M. Planck, *Physikalische Abhandlungen und Vorträge,* Bd. III; zitiert in
A. Hermann, *Max Planck,* S. 27.

11 P. Feyerabend, *Wider den Methodenzwang,* S. 45.

12 J. Ladrière, *Le défi de la science et de la technologie aux cultures,* S. 34.

13 Zitiert von A. Koestler, *Die Nachtwandler,* S. 535.

14 Zitiert ebd., S. 534.

15 Zitiert ebd., S. 542 f.

16 Zitiert ebd., S. 534.

17 Vgl. *Journal de Physique,* 3e série, tome III, 1894.

18 Vgl. P. Duhem, *La Théorie physique.*

19 Vgl. J. Lacroix, *Kant et le Kantisme.* (Der Kantische Terminus ist „Ein-
bildungskraft", als „das Vermögen, einen Gegenstand auch *ohne dessen Gegenwart* in der Anschauung vorzustellen". Vgl. *Kritik der reinen
Vernunft,* B 151 – A.d.Ü.)

20 Vgl. T. S. Kuhn, *Die Struktur wissenschaftlicher Revolutionen.*

21 E. Cassirer, *Philosophie der symbolischen Formen,* Tl. 3.

22 Ebd.

23 Antoine Cournot erkannte schon 1870 als einer der ersten, daß die
klassische „nicht-statistische" Mechanik uns nicht alles über die
Beschaffenheit der Welt verriet. Er sah voraus, daß mit der Einführung der statistischen Mechanik durch Gibbs und Boltzmann
eine neue Haltung zur Natur, der statistische Ansatz, wichtig werden sollte: „Wenn die rationelle Mechanik einer der großen Wege
ist, auf dem uns die Mathematik in die Ökonomie der Welt eindringen läßt, so ist es eine andere, die mit ihrer Theorie der Kombinationen den Schlüssel liefert, einen Weg, der holpriger ist, nicht so
imposant, nicht so breit auf den ersten Blick, der aber Zugänge

eröffnet in ganz unterschiedliche Richtungen, einen Weg, der im 17. Jahrhundert entdeckt, wenn auch nicht geebnet wurde." (*Considérations sur la marche des idées et des événements dans les temps modernes*, S. 173 f.)

[24] Dieser Ausdruck ist, da auch Flüssigkeiten untersucht werden, dem Ausdruck „Festkörperphysik" vorzuziehen.

[25] J. Benda, *Exercices d'un enterré vif.*

[26] Auguste Comte, *Cours de philosophie positive*, 52e leçon (= dt. Ausgabe Bd. II, Kap. 7).

[27] Vgl. G. Bachelard, *La philosophie du non*, S. 7 f., 16.

[28] Vgl. etwa R. Carnap, *Die Aufgabe der Wissenschaftslogik.* Danach ist die Frage der Einheit der Wissenschaften nicht ein Teil der Philosophie, sondern eben der Wissenschaftslogik. Die in den verschiedenen Gebieten der Wissenschaften auftretenden Begriffe, Sätze, Beweise, Theorien werden analysiert, v.a. unter dem logischen Gesichtspunkt. „Wissenschaft" ist die Gesamtheit der anerkannten Sätze (S. 5). „Zu den wichtigsten Fragen, die gegenwärtig in der Wissenschaftslogik in Angriff genommen werden, gehören die Fragen nach den syntaktischen Beziehungen zwischen den verschiedenen Teilsprachen der Einen Wissenschaftssprache" (S. 15), d.h. die Beziehungen zwischen Begriffen und Sätzen, besonders den raum-zeitlich allgemeinen Sätzen, den sog. Gesetzen (S. 16). (A.d.Ü.)

[29] M. Bitbol, *Mécanique quantique.*

[30] E. Mach, *Die Mechanik in ihrer Entwicklung*, vgl. dort im 2. Kapitel den Abschnitt „Newtons Ansichten über Zeit, Raum und Bewegung", S. 236 ff.

[31] E. Mach, „Antimetaphysische Bemerkungen", S. 145.

[32] In seinen „Antimetaphysischen Bemerkungen" schildert Ernst Mach, wie ihm, als er fünfzehn war, die *Prolegomena einer jeden künftigen Metaphysik* von Kant in die Hände fielen. Es war für ihn eine Offenbarung: „Diese Schrift hat damals einen gewaltigen unauslöschlichen Eindruck auf mich gemacht, den ich in gleicher Weise bei späterer philosophischer Lektüre nie mehr gefühlt habe. Etwa 2 oder 3 Jahre später empfand ich plötzlich die müßige Rolle, welche das ‚Ding an sich' spielt. An einem heitern Sommertage im Freien erschien mir einmal die Welt samt meinem Ich als *eine* zusammenhängende Masse von Empfindungen, nur im Ich stärker zusammenhängend. Obgleich die eigentliche Reflexion sich erst später hinzugesellte, so ist doch dieser Moment für meine ganze Anschauung bestimmend geworden." (S. 145, Fußnote) Es ist also das Subjekt – und es allein –, das die Einheit der Welt „empfindet". Man muß Ernst Mach außerdem als denjenigen Physiker betrachten, der als erster erklärte, man könne ein Fragment des Univer-

sums nicht studieren, ohne die Verteilung der Materie in dem Ganzen, das dieses bildet, zu berücksichtigen. Diese Idee wird in Einsteins allgemeiner Relativitätstheorie formalisiert.

[33] J. Roger, „Science et littérature à l'âge baroque".

[34] Die holistische Betrachtung hat wenigstens zu einigen sehr schönen Seiten Literatur geführt. Lauschen wir dem beredten Plädoyer Victor Hugos aus *Die Elenden (Les Misérables)*:
„Nichts ist wirklich klein; jeder, der für die unergründliche Durchdringung der Natur empfänglich ist, weiß das. Obwohl der Philosophie nicht vollauf Genüge getan wird, wenn nur die Ursache beschrieben oder die Wirkung bestimmt wird, gerät der Betrachter in grenzenloses Entzücken angesichts all der sich auflösenden Kräfte, die in der Einheit aufgehen. Alles arbeitet an allem.
Algebra läßt sich auf die Wolken anwenden. Die Ausstrahlung des Himmelskörpers ist der Rose von Nutzen. Kein Denker wagt zu behaupten, der Duft des Weißdorns sei für den Stand der Gestirne überflüssig. [...] Eine Made hat Gewicht. Das Kleine ist groß, das Große klein. Alles gleicht sich in der Notwendigkeit aus – eine erschreckende Vision für den Geist. Zwischen den Geschöpfen und Dingen bestehen wunderbare Bezüge. In diesem unerschöpflichen Ganzen von der Sonne bis zur Blattlaus gibt es keine Geringschätzung, man braucht einander. Das Licht trägt die irdischen Wohlgerüche nicht in den Azur davon, ohne zu wissen, was es damit beginnt; die Nacht verteilt Sternensubstanz unter die schlafenden Blumen. Alle Vögel, die sich in die Lüfte schwingen, sind mit dem Fuß ans Unendliche gebunden." (4. Teil, 3. Buch „Das Haus in der Rue Plumet", S. 330 f.)

[35] E. Amaldi, „The unity of physics", S. 20.

[36] J. Maritain, *Le Songe de Descartes.*

[37] Vgl. den Schluß des Abschnitts „Isaac Newton, der Mann der großen Synthesen" in Kap. 2.

[38] A. Einstein, „Prinzipien der Forschung". Rede zum 60. Geburtstag von Max Planck, S. 109; in: *Mein Weltbild,* S. 107– 110.

[39] Diese Frage betrifft nicht nur die physikalischen Wissenschaften. R. Girard sagt über den reduktionistischen Charakter seiner These: „Hier bin ich ganz der Meinung von Lévi-Strauss. Die wissenschaftliche Forschung ist reduktionistisch, oder sie ist nichts" (*Des choses cachées depuis la fondation du monde,* S. 48).

[40] P. A. M. Dirac, „Quantum mechanics of many-electron systems".

[41] Das Ohmsche Gesetz besagt, daß die Spannung an den Enden eines Leiters dem Strom, der ihn durchfließt, proportional ist, wobei der elektrische Widerstand der Proportionalitätsfaktor ist.

[42] A. J. Leggett, Diskussionsbeitrag zum Referat von S. Watanabe, „Is Reductionism Tenable within Physics?", S. 264.

[43] P. Oppenheim und H. Putnam, „L'unité de la science: une hypothèse de travail", S. 342.

[44] J.-M. Lévy-Leblond, *L'esprit de sel (science, culture politique)*, S. 161.

[45] In der Beschreibung bestimmter Kernzustände tritt explizit die „tiefe" Struktur von Nukleonen (die Quarks) auf, und nicht nur die Eigenschaften der Ansammlungen von Nukleonen.

[46] Näheres dazu vgl. den Abschnit „Eine ,große' Vereinheitlichung?" im folgenden Kapitel.

[47] D. Lecourt, *A quoi sert donc la philosophie?*, S. 101.

[48] M. Paty, *La Matière dérobée*, S. 51.

[49] Ebd., S. 70.

[50] F. Dagognet, *Science et philosophie, pour quoi faire?* Textes réunis par Roger-Pol Droit, S. 205.

[51] *Des grenouilles et des hommes*, S. 151.

[52] Henri Poincaré hatte eine besondere Vorliebe für die Idee, daß die Wissenschaft nur in der Weise voranschreitet, daß sie zwischen zwei gegensätzlichen Polen schwankt, ohne daß der eine den anderen endgültig vernichten kann. In einem Vortrag, den er 1912 über „die neuen Konzeptionen der Materie" hielt, erklärte er: „Die Wissenschaft ist dazu verurteilt, ständig zwischen Atomismus und Kontinuismus, Mechanismus und Dynamismus zu schwanken [...]; diese Schwankungen werden nie aufhören." „Dieser Kampf (zwischen Atomismus und Kontinuismus) wird so lange dauern, wie man Wissenschaft betreiben, wie die Menschheit denken wird, denn er beruht auf dem Gegensatz zweier unversöhnlicher Bedürfnisse des menschlichen Geistes, derer dieser Geist sich nicht entledigen kann, ohne daß er aufhörte zu sein: des Bedürfnisses zu verstehen – und wir können nur das Endliche verstehen – und des Bedürfnisses zu sehen – und wir können nur die Ausdehnung sehen, die unendlich ist" (H. Poincaré, „Les Conceptions nouvelles de la matière", S. 53). Diese letztere Behauptung ist natürlich anfechtbar.

[53] Für Henri Poincaré gibt es eine Hierarchie der Tatsachen. Als des Interesses des Gelehrten würdig hebt er diejenigen „von großer Ergiebigkeit" hervor, „jede von ihnen lehrt uns ein neues Gesetz" (*Wissenschaft und Methode*, S. 259). Die Tatsachen von großer Ergiebigkeit sind „diejenigen, welche wir für einfach halten" (ebd., S. 260). Diese Tatsachen sind so etwas wie „Beziehungsknoten", sie stehen an „Knotenpunkten" (ebd., S. 262), von ihnen geht eine Vereinheitlichungsdynamik aus. Poincaré führt uns beispielhaft vor, wie man Tatsachen analysiert, indem er mit ganz regelmäßigen beginnt, die zu einem Gesetz führen, um dann zur Ausnahme zu kommen, die uns über eine tiefere Wahrheit belehrt. „Die einzigen unserer Aufmerksamkeit würdigen Tatsachen sind diejenigen wel-

che in die erwähnte Zusammengesetztheit Ordnung einführen und sie uns somit zugänglich machen." (Ebd., S. 20)

[54] H. Poincaré, *Wissenschaft und Hypothese*, S. 173 f.
[55] E. Schrödinger, *Was ist Leben?*
[56] P. A. M. Dirac, „The proton", S. 605.

6 Träume von der Einheit im ausgehenden 20. Jahrhundert

Die Utopie des Ganzen

Die Lehren vom Ganzen hatten, wie wir gesehen haben, ihren natürlichen Platz bei den monistischen Philosophien. Unter ihnen muß zwischen solchen, für die dieses Ganze genügt, um sich zu verwirklichen, und solchen, für die der Strahl eines transzendenten Prinzips dem Ganzen die Einheit einflößt, unterschieden werden. Das Universum bilde als solches eine Einheit, dachten einige vorsokratische Philosophen. Teilt man ihre Ansicht, daß das Ganze seine Einheit und sein Sein allein sich selbst verdanke, so wird man dazu neigen, die Bedeutung seiner inneren Vielfalt geringer einzuschätzen, wird sie letztlich nur einer beschränkten, vergänglichen Betrachtungsweise zuschreiben. Anders die moderne Wissenschaft, die die Einheit des Universums auf die Gesetze zurückführt, die es regieren. Die natürliche Ordnung, von der die Physiker heute sprechen, ist eine gesetzliche Ordnung. Schon Leonardo da Vinci glaubte, daß die Natur ihr Gesetz nicht breche, daß sie unter dem Zwang der Vernunft ihres Gesetzes stehe, das in ihr lebt.

Der bedeutende Gelehrte Lord Kelvin erklärte Ende des vorigen Jahrhunderts, die künftigen Physiker täten ihm schon jetzt leid. Die Physik, fand er, habe ihre Ziele und damit ihr Ende erreicht, und für die Physiker gebe es nichts mehr zu erforschen. Wie sehr er sich getäuscht hatte, zeigte das 20. Jahrhundert gleich zu Anfang. Sein naives und voreiliges Urteil wurde von der Relativitätstheorie und dann von der Quantenphysik dem Gespött preisgegeben. Er hätte vorsichtiger sein können. Schon Francis Bacon hatte an der Schwelle zum 17. Jahrhundert erklärt, es gebe in Wirklichkeit bloß eine Handvoll spezifischer Phänomene in den Künsten und Wissenschaften. Die Erforschung aller Gründe und alles Wissens werde wohl bloß die Arbeit einiger Jahre sein.[1]

Ende der zwanziger Jahre unseres Jahrhunderts äußerte dann der Physiker Max Born den Gedanken, die Physik werde innerhalb von sechs Monaten an ihr Ende kommen. Auch das hat sich bekanntlich als Irrtum erwiesen. Auch heute, kurz vor der Jahrtausendwende, spricht man wieder vom nahen Ende der theoretischen Physik; da die große Vereinheitlichung der Wechselwirkungen (so scheint es) dicht bevorstehe, bleibe den Theoretikern nur noch, sich aus technischen Gründen selbst für arbeitslos zu erklären. Nicht lange, und das Universum werde seine geheimsten Schlüssel preisgeben, und seine Gesetze würden fröhlich in einer glorreichen, ökumenischen Theorie aufgehen, die das Weltganze mit ihrem souveränen mathematischen Blick umfaßt; endlich würden wir wissen, woraus das Universum gemacht ist, wie es funktioniert und wohin es geht.

Solche Gedanken rufen unweigerlich die phantastische Vorstellung von einer „Weltformel" wach. Was die Vereinheitlichung der Wechselwirkungen angeht, sind in den letzten Jahrzehnten, wie wir gezeigt haben, sicherlich spektakuläre Fortschritte erzielt worden. Wer dann aber gleich von einer „Theorie von allem" spricht, vergeht sich zumindest an der Sprache.

Wie ist das Bestreben, das hinter diesem Wort steckt, einzuordnen? Ist es nicht vergeblich, auf eine das Ganze umfassende Vision zu hoffen? Gehört eine Theorie, die die Welt erschöpfend zu beschreiben versucht, überhaupt noch zum Bereich der Wissenschaft? Sie hätte – da mit dem Weltganzen noch kein Experiment durchgeführt wurde und auch nicht durchführbar ist – große Chancen, schon aufgrund ihrer Konstruktion unwiderlegbar zu sein. Es ist deshalb zu befürchten, daß die „Theorie von allem", die man uns ankündigt, von ihrer Rolle als ewige Vermutung nicht loskommen wird. Welches sind die häßlichen Tatsachen, die sie verurteilen könnten? Eine solche Theorie würde uns, wenn sie sich denn aufstellen ließe, keinen Zugang zur Allwissenheit verschaffen. Ihre Gleichungen würden sehr wahrscheinlich so komplex sein, daß man sie nur in ganz einfachen Fällen lösen könnte.

Man müßte von ihr daher mit einer Bescheidenheit sprechen, die ihrem Namen und dem wissenschaftlichen
Anschein, den ihre Propheten sich geben, kaum entspräche.
Henri Poincaré hat diesbezüglich ein topologisches Argument vorgetragen: „[...] das Gehirn des Gelehrten, das nur
eine Ecke des Weltalls beherrscht, kann niemals das ganze
Weltall fassen".[2]

Die Falle, in die Kelvin getappt war, ist jedoch schnell wieder gespannt. Für Eiferer ist die Versuchung des Endgültigen
allzu gebieterisch, allzu quälend, so als sei die Idee, an einen
Endpunkt des Denkens zu gelangen, ein Virus, gegen das kein
Impfstoff zu finden ist. Dabei ist die Liste der Probleme, die
die Physiker noch zu lösen haben, nicht nur *ziemlich* lang,
sondern so lang, daß man bei denen, die sich schon auf dem
Weg zur großen Gewißheit glauben, allenfalls von einer „ein-
gebildeten Schwangerschaft" sprechen kann. Die Wissenschaft ist ein Prozeß, der ein statisches oder endgültiges Bild
der Dinge seiner Natur nach verbietet.

Man kann sich etwas, das kein Ende hat, nicht als abge-
schlossen denken. Die Wissenschaft ist ein seinem Wesen
nach unabschließbarer Diskurs, was gewisse Interpunktio-
nen nicht ausschließt. Selbst wenn alles darauf hinzudeuten
schiene, daß die Physik am Ende ihres Weges angekommen
sei, hätte sie nicht die Mittel, es selbst zu sagen: Stillstand
bedeutet nicht, am Ziel zu sein. Wir sollten uns vor dem Kult
des Schlußpunktes in acht nehmen und uns vor jeglicher
Anmaßung hüten. Eine unerwartete Tatsache, ein neues Versuchsergebnis könnten in dem, was die Physiker heute als
vollendet betrachten, Mängel aufdecken und den Vormarsch
der Wissenschaft wieder in Gang bringen.[3]

Die Exzesse des Reduktionismus haben gezeigt, daß man die
Realität, wenn man sie allzu sehr vereinheitlichen will, auch
verstümmeln kann. Würde man eines Tages zur Einheit gelangen, wäre man damit von dem zornigen Vorwurf reinge-
waschen, den Nietzsche in der *Fröhlichen Wissenschaft* gegen
jene erhob, die sich anmaßten, alles mit den Gesetzen der

Physik erklären zu können: „Ebenso steht es mit jenem Glauben, mit dem sich jetzt so viele materialistische Naturforscher zufrieden geben, dem Glauben an eine Welt, welche im menschlichen Denken, in menschlichen Wertbegriffen ihr Äquivalent und Maß haben soll, an eine ‚Welt der Wahrheit‘, der man mit Hilfe unserer viereckigen kleinen Menschenvernunft letztgültig beizukommen vermöchte – Wie? wollen wir uns wirklich dergestalt das Dasein zu einer Rechenknechtsübung und Stubenhockerei für Mathematiker herabwürdigen lassen? Man soll es vor allem nicht seines *vieldeutigen* Charakters entkleiden wollen: das fordert der gute Geschmack, meine Herren, der Geschmack der Ehrfurcht vor allem, was über euren Horizont geht! Daß allein eine Weltinterpretation im Rechte sei, bei der ihr zu Rechte besteht, bei der wissenschaftlich in eurem Sinne [...] geforscht und fortgearbeitet werden kann, eine solche, die mit Zählen, Rechnen, Wägen, Sehen und Greifen und nichts weiter zuläßt, das ist eine Plumpheit und Naivität, gesetzt, daß es keine Geisteskrankheit, kein Idiotismus ist. Wäre es umgekehrt nicht recht wahrscheinlich, daß sich gerade das Oberflächlichste und Äußerlichste vom Dasein – sein Scheinbarstes, seine Haut und Versinnlichung – am ersten fassen ließe? vielleicht sogar allein fassen ließe? Eine ‚wissenschaftliche‘ Weltinterpretation, wie ihr sie versteht, könnte folglich immer noch eine der *dümmsten*, das heißt sinnärmsten aller möglichen Weltinterpretationen sein: dies den Herrn Mechanikern ins Ohr und Gewissen gesagt, die heute gern unter die Philosophen laufen und durchaus vermeinen, Mechanik sei die Lehre von den ersten und letzten Gesetzen, auf denen wie auf einem Grundstocke alles Dasein aufgebaut sein müsse. Aber eine essentiell mechanische Welt wäre eine essentiell *sinnlose Welt*! Gesetzt, man schätzte den Wert einer Musik danach ab, wieviel von ihr gezählt, berechnet, in Formeln gebracht werden könne, – wie absurd wäre eine solche ‚wissenschaftliche‘ Abschätzung der Musik! Was hätte man von ihr begriffen, verstanden, erkannt! Nichts, geradezu nichts von dem, was eigentlich an ihr ‚Musik‘ ist! ...“[4]

Das mit spitzer Feder geschriebene Urteil ist hart, aber nicht allein Sache der Philosophen; die Wissenschaftler haben mehr als einen Grund, den Szientismus zurückzuweisen und die Metaphysik in ihr Recht einzusetzen. So bekennt zum Beispiel Erwin Schrödinger: „Am schmerzlichsten ist das völlige Schweigen unseres ganzen naturwissenschaftlichen Forschens auf unsere Fragen nach Sinn und Zweck des ganzen Geschehens."[5] Die Metaphysik ist alles andere, nur nicht die Vorgeschichte der Wissenschaft – sie ist ihr Horizont. Was Immanuel Kant in seiner Untersuchung über die Entstehung der metaphysischen Ideen andeutete, hat Arthur Schopenhauer positiv behauptet: Die Erklärung des Physischen benötige eine metaphysische Erklärung, die ihr den Schlüssel für all ihre Vermutungen gebe.[6]

Die Vereinheitlichung der vier fundamentalen Wechselwirkungen bleibt eine schöne Hoffnung der Physiker, ein großer Traum, den man mit aller Achtung darstellen muß, die er verdient. Die ungeheuren Fortschritte, die inzwischen erreicht sind, kann man nicht achselzuckend wegschnippen. Wie Paläontologen, die anhand eines einzigen Zahns ein ganzes Skelett rekonstruieren, sind die Theoretiker dabei, die riesigen Energien der allerersten Anfänge des Universums abzuschätzen, als drei von den vier Kräften zweifellos nur eine einzige bildeten.

Eine „große" Vereinheitlichung?

Die künftigen Beschleuniger werden vielleicht den Higgs-Mechanismus bestätigen, der die Vereinheitlichung der beiden ersten Wechselwirkungen beschreibt. Dabei wird das Streben nach Vereinheitlichung aber nicht stehenbleiben können. Die Teilchenphysiker halten es für möglich, ein Schema zu konstruieren, das die elektromagnetische, die schwache und die starke Wechselwirkung in derselben Weise zusammenfaßt, in der die beiden ersten vereinheitlicht wurden. Die künftige Theorie hat sogar schon einen Namen:

„Große Vereinheitlichung". Der Weg, den die Mehrheit beschreitet, besteht darin, eine Symmetrie zu finden, die umfassender ist als die elektroschwache Symmetrie und die Farb-Symmetrie der starken Wechselwirkungen, und beide zu integrieren. Ungeachtet der beträchtlichen Hoffnungen, die man bis vor zehn Jahren in sie investierte, haben sich die bisher eingeschlagenen Wege am Ende als wenig erfolgversprechend erwiesen.

Man hat die starke Wechselwirkung auch unabhängig im Rahmen der Eichtheorien beschreiben können. Die Physiker behaupten darum nicht, sie mit den früheren vereinheitlicht zu haben, aber sie können doch alle Wechselwirkungen innerhalb einer theoretischen Form, der der Quantenfeldtheorie, beschreiben. Die gemeinsame Beschreibung dieser drei Wechselwirkungen – der elektromagnetischen und der schwachen, die zur elektroschwachen vereint sind, und der starken – stellt das sogenannte „Standardmodell der Wechselwirkungen" dar. Vollkommen getestet bis zu den höchsten, heute im Labor zugänglichen Energien, liefert es wenigstens eine bequeme Klassifikation der Bestandteile der Materie.

Unter den Fermionen unterscheidet das Standardmodell zwischen *Leptonen* – das sind Teilchen, die sich ungehindert ausbreiten – und *Quarks,* die immer an andere Quarks oder Antiquarks gebunden sind. Alle Fermionen – Leptonen und Quarks – sind elegant in drei Familien unterteilt. Eine Familie besteht aus zwei Leptonen (bei der ersten: Elektron und Elektron-Neutrino) und zwei Quarks (bei der ersten: u und d oder „up" und „down"). Praktisch unsere gesamte Umwelt, wir selbst eingeschlossen, ist nach diesem atomistisch angehauchten Modell aus diesen elementaren Bausteinen aufgebaut. Die Mitglieder der beiden anderen Familien treten nur ausnahmsweise bei hochenergetischen Zusammenstößen auf. Die zweite Familie umfaßt das (dem Elektron entsprechende) Myon, das (dem Elektron-Neutrino entsprechende) Myon-Neutrino und die Quarks c und s (für „charm" und „strangeness"). Die dritte enthält das Lepton Tau und sein (bisher noch nicht direkt beobachtetes) Neutrino sowie die Quarks *b* und *t* (für „beauty" und „top"). Die Entdeckung dieses sechsten Quarks, des *top*, wurde am 26. April 1994 von den Physikern des Fermilab in den USA bekanntgegeben.

Das Standardmodell beruht auf dem Prinzip der Eichinvarianz, das eine elegante mathematische Formulierung der Naturkräfte erlaubt; der entsprechenden Theorie zufolge ergibt sich jede Wechselwirkung aus der Anwendung einer Symmetrie von geeigneter Natur. Da sich dieser Rahmen bisher als sehr fruchtbar erwiesen hat, hoffen die Theoretiker, wenigstens drei der vier Wechselwirkungen mit Hilfe ähnlicher Prinzipien vereinheitlichen zu können. Zu diesem an sich legitimen Wunsch trägt auch der Umstand bei, daß das Standardmodell nicht ganz befriedigend ist. Zunächst hat es mit fundamentalen Problemen der Quantenphysik überhaupt zu kämpfen, die man nicht interpretieren kann. Außerdem läßt es zahlreiche fundamentale Fragen offen. Man versteht beispielsweise nicht, warum es drei Teilchenfamilien gibt und nicht eine einzige oder 999.

Läßt sich das Standardmodell verbessern? Die Tatsache, daß die starken Wechselwirkungen im gleichen Rahmen beschrieben werden wie die elektroschwachen, läßt vermuten, daß sich alles vereinheitlichen ließe, daß man also den Prozeß, der zur vorherigen Vereinheitlichung führte, mit einer komplizierteren Symmetrie wiederholen könnte. Diese Idee wurde im Jahr 1972 unter der unglücklichen Bezeichnung „große Vereinheitlichung" vorgeschlagen. Die daran geknüpfte Hoffnung hat sich bisher nicht erfüllt: Die drei Wechselwirkungen scheinen bei hoher Energie nicht wirklich zu fusionieren, wie man es für möglich hielt. Außerdem folgte aus den verschiedenen möglichen Versionen der entsprechenden Theorien, daß das Proton ein instabiles Teilchen ist, das langsam, aber sicher zerfällt. Daß dies nicht der Fall ist, haben experimentelle Nachprüfungen gezeigt. Es ist daher nach wie vor unsicher, ob man auf diesen Wegen weiterkommt. Einen Ausweg scheinen nur die neuen Ideen einer Supersymmetrie zu bieten.

Eine „Super"welt?

Man wird sich erinnern, daß der Quantenformalismus, der derzeitige Rahmen der Teilchenphysik, zwei Arten von Teilchen unterscheidet: einerseits die eher einsamen Teilchen, die man „Fermionen" nennt, andererseits die Teilchen, die sich gern zusammenrotten und die man „Bosonen" nennt.

Die Fermionen gehorchen dem Pauli-Verbot: Zwei identische Fermionen können sich nicht in ein und demselben physikalischen Zustand befinden. Es ist unmöglich, zwei von ihnen zusammen anzutreffen, am selben Ort und zum selben Zeitpunkt. Dies ist ein Beleg für die fundamentale Undurchdringbarkeit der Materie, die uns erlaubt, die Festigkeit und den Zusammenhalt der makroskopischen Objekte zu begreifen. Die Bosonen gehorchen dagegen einem Herdentrieb: Sie sind „lieber" zusammen und „tun lieber dieselben Dinge". Sie dürfen sich sogar „überlagern". Sie können in beliebiger, allerdings geradzahliger Anzahl erscheinen oder verschwinden: Ein physikalischer Vorgang kann ihre Anzahl nur paarweise verändern.

Aufgrund dieser Unterschiede gelten heute die fundamentalen Fermionen als die wahren Grundbestandteile der Materie, ihre „elementaren Bausteine". Es sind dies die sechs Quarks (Fermionen, die der starken Wechselwirkung unterliegen) und die sechs Leptonen (Fermionen, die der starken Wechselwirkung nicht unterliegen). Man könnte noch die entsprechenden Antiteilchen hinzufügen, die in gleicher Anzahl die Grundlage der Antimaterie bilden.

Was die fundamentalen Bosonen betrifft, so handelt es sich um Wechselwirkungsteilchen, die als Träger der Wechselwirkungen fungieren:[7] das Photon für den Elektromagnetismus, die Trägerbosonen für die schwache Wechselwirkung und die Gluonen für die starke Wechselwirkung zwischen Quarks; hinzu käme das Graviton, wenn es gelänge, die Gravitation in analoger Weise zu beschreiben. Berücksichtigt man, daß jedem Teilchen ein Antiteilchen entspricht, kommen rund vierzig Elementarteilchen zusammen. Manche Physiker halten diese Zahl für zu hoch; ihrer Ansicht nach kann die Zahl der wirklich fundamentalen Strukturen nur ganz klein sein. Die derzeit gültige Klassifikation ist ihnen zu vielfältig: Bei drei Familien von Fermionen sind zwei offensichtlich zuviel.

Doch die Hoffnung, ein wenig Einheit in diese Vielfalt zu bringen, ist noch nicht ganz verloren. Es gibt zwar keinen theoretischen oder experimentellen Beweis dafür, doch darf man annehmen, daß die heute bekannten Teilchen zusammengesetzt sind und daß ihre endgültige (noch zu entdeckende) Beschreibung eine kleinere Anzahl von neuen, wirklich elementaren Bausteinen enthält. Man kann sich sogar vorstellen, daß das Streben nach Elementarität nie an ein Ende kommt, daß man immer wieder darauf stoßen wird, daß die jeweils als elementar geltenden Objekte in Wirklichkeit eine zusammengesetzte Substruktur haben. Diese Idee läuft auf das Gegenteil dessen hinaus, was der Atomismus verkündet.

Ein anderer Weg, der verfolgt wird, nimmt eine unbegrenzte Vielfalt von Elementarteilchen an, von denen nur eine ganz geringe Zahl bei den im Labor verfügbaren Energien beobachtbar ist. Diese Idee tritt zum Beispiel in der „Theorie der Superstrings" auf, welche die Teilchen als längliche Objekte beschreibt, die wie Fäden in Räumen mit zahlreichen Dimensionen strukturiert sind.

Der Unterschied zwischen Fermionen und Bosonen scheint jedenfalls eine sehr profunde Asymmetrie der Physik auszudrücken. Sie erscheint fundamentaler als zum Beispiel die, welche das Neutron vom Proton oder gar das letztere vom Elektron unterscheidet. Doch selbst wenn der Mensch nicht reparieren kann, was Gott entzweigerissen hat, um ein Wort des Physikers Wolfgang Pauli aufzugreifen, so heißt das nicht, daß diese Dualität nicht auch überwunden werden kann. Wäre es nicht befriedigend, wenn die Unterscheidung zwischen Teilchen und Wechselwirkungen verschwände zugunsten einer neuen, umfassenderen Konzeption? Eine solche Idee ließe sich dank des Konzepts der Supersymmetrie entwickeln.

Die Supersymmetrie

Viele theoretische Physiker sind heute der Ansicht, daß die Physik eine weitere fundamentale Symmetrie verifiziert, die *Supersymmetrie*. Wir sahen schon, daß die Idee der Vereinheitlichung oft durch die Einführung einer neuartigen Symmetrie vorangetrieben wurde.

In dieser Hinsicht weist die Supersymmetrie sehr verlockende Eigenschaften auf. Die erste besteht darin, daß sie die Fermionen und Bosonen zueinander in Beziehung setzt und damit in einer gemeinsamen Beschreibung vereinheitlicht: Im Spiegel dieser Symmetrie wird ein Boson als Fermion „gespiegelt" und umgekehrt. Ein weiterer Vorzug dieser Symmetrie ist, daß sie die fundamentalen Symmetrien, die den Raum und die Raumzeit der speziellen Relativitätstheorie charakterisieren, erweitert.

Unter einer Symmetrie ist, wie schon gesagt, eine Invarianz bezüglich einer bestimmten Art von Transformation zu verstehen. Bei der Supersymmetrie ist dies die Transformation eines Teilchens in ein anderes, eines Fermions in ein Boson und umgekehrt. Sie ist rein geometrisch anzuwenden, und ihr Ausdruck bemüht einen recht schwerfälligen mathematischen Formalismus. Dennoch besitzt sie eine bemerkenswerte Eigenschaft: Zwei Supersymmetrie-Transformationen nacheinander ergeben eine Translation. Dieses Resultat deutet darauf hin, daß die Supersymmetrie eine noch fundamentalere Symmetrie sein könnte als die Invarianz durch Translation. Letztere könnte sogar eine Folge von ihr sein.

Offenbar liegt hier etwas Fundamentales vor. Indizien lassen die Vermutung zu, daß die Supersymmetrie die großen vereinheitlichten Theorien „retten" könnte. Berücksichtigt man nämlich ihre möglichen Effekte, so könnten die drei betroffenen Wechselwirkungen bei einer gemeinsamen Energie von 10^{16} GeV konvergieren. Andererseits könnten die Vorhersagen eines Protonenzerfalls wegfallen, so daß sich die großen vereinheitlichten Theorien mit den Versuchsergebnissen vereinbaren ließen.

Was aber die Supersymmetrie noch interessanter macht, ist der enge Zusammenhang mit der Raumzeit und ihren geometrischen Transformationen. Diese Perspektive könnte einer noch umfassenderen Vereinheitlichung, welche die Gravitation einbezieht und als „Theorie der Supergravitation" bezeichnet wird, den Weg ebnen (siehe unten).

Die Supersymmetrie stellt eine tiefgreifende begriffliche Veränderung dar, denn sie beseitigt die Unterscheidung zwischen den Objekten, die einer Wechselwirkung unterliegen, den Fermionen, und den Trägern dieser Wechselwirkung, den Bosonen. Allerdings werden die beiden Arten schon von der Quantenfeldtheorie auf relativ vergleichbare Art behandelt, und diese Neuerung ist nicht wirklich revolutionär. Die Probleme rühren eher von der großen Schwierigkeit der Berechnungen her. Es gibt in der Tat eine Vielzahl möglicher Varianten, zwischen denen zu entscheiden nicht möglich ist. Dennoch ist es gelungen, so etwas wie den Entwurf eines supersymmetrischen Standardmodells zu schaffen, dem zufolge jedes bekannte Teilchen einem neuen, noch unbekannten Teilchen zugeordnet ist, seinem „supersymmetrischen Partner". Noch hat man keines dieser Teilchen entdeckt, doch manche experimentellen Physiker bereiten sich schon darauf vor, ihnen mit der neuen Generation von Teilchenbeschleunigern auf die Spur zu kommen. Einige Astrophysiker sehen hier die Antwort (oder einen Teil der Antwort) auf das Problem der „verborgenen Masse des Universums".[8]

Das Gewebe der Welt

Warum hat unsere Welt vier Dimensionen (drei räumliche und eine zeitliche) und nicht mehr? Wenn es auf diese Frage keine klare Antwort gibt, liegt es vielleicht daran, daß die wirkliche Zahl der Dimensionen zehn oder sechsundzwanzig beträgt. Bekanntlich hatten Kaluza und Klein schon in den dreißiger Jahren eine Theorie vorgeschlagen, der zufolge die Raumzeit fünf Dimensionen besitzt. Solche Ideen werden heute – mit mehr Dimensionen – von einigen Physikern aufgegriffen, und es gibt die neue Idee, die Elementarteilchen nicht durch Objekte mit der Dimension *null* darzustellen, sondern durch längliche, eindimensionale Objekte, schwingende „Schnüre" oder „Fäden", im Deutschen wie im Englischen „Strings" genannt. Das ist das allgemeine Prinzip der *Stringtheorie*.

Einer der Gründe, mit dieser Theorie zu arbeiten, ist der, daß man bestimmte unendliche Größen loswerden möchte, die in den Berechnungen der Quantenfeldtheorie vorkommen. Wenn man sich nämlich für die Wechselwirkungen im kleinen Maßstab interessiert, stößt man auf katastrophale Divergenzen. In der Quantenphysik kann man sich ihrer durch ein zwar unbefriedigendes, aber wirksames Verfahren entledigen, die „Renormierung".[9] Doch ist dieses als unelegant geltende Verfahren einerseits willkürlich und kaum auf strenge Weise zu rechtfertigen, und andererseits gilt es nicht für die Gravitation. Die Idee der Strings könnte zur Lösung dieses Problems beitragen, denn sie betrifft die Struktur des Raums und der elementaren Objekte in einem sehr kleinen Bereich (im sogenannten Planck-Bereich), in dem sich die Divergenzprobleme auf andere Weise stellen.

Eigentlich gibt es gar keine Stringtheorie, sondern nur eine Menge von Gleichungen, mit denen das beschrieben werden kann, was die Dynamik und Entwicklung solcher Objekte sein könnte. Der begriffliche Rahmen, in dem die Strings beschrieben werden, ist nicht einheitlich vorgegeben. Es gibt mehrere Möglichkeiten. Zunächst muß dieser begriffliche Rahmen von Anfang an mit der Idee der Supersymmetrie verknüpft werden, wodurch sich die „Superstrings" ergeben. Generell spielen sich die Dinge in einer Raumzeit mit zehn Dimensionen ab, in der sechs Dimensionen in sich selbst zurückgekrümmt und daher unsichtbar sind, wodurch die Illusion einer Raumzeit mit vier Dimensionen entsteht. Eine Schwierigkeit rührt im übrigen daher, daß es über das Verschwinden dieser überschießenden Dimensionen unterschiedliche Ansichten gibt. Jüngste Fortschritte lassen jedoch vermuten, daß diese

Schwierigkeiten mit Hilfe des Konzepts der „Dualität" bewältigt werden können. Dabei handelt es sich um ein fundamentales mathematisches Konzept, das nicht genau einer Symmetrie entspricht, ihr aber sehr ähnlich ist, indem es mathematische Objekte zueinander in Beziehung setzt. Diese „Dualität" könnte – nicht ohne eine gewisse Ironie – der Preis der Einheit der Physik sein.

Eine Theorie von allem?

Tatsächlich ist eine „große Vereinheitlichung" selbst für viele Physiker nur von begrenztem Interesse. Für den Rest der Physik ist es wohl kaum von Bedeutung, ob es gelingt, eine einheitliche Darstellung der subnuklearen Prozesse zu geben. Sehr viel verlockender wäre eine Einbeziehung der Gravitation in dieses Schema, genauer gesagt: die Zusammenfassung der vier Wechselwirkungen in einem einzigen Rahmen, wie auch immer er aussehen mag.

Größte Bedeutung kommt dem Bemühen zu, wenigstens Gravitation und Elektromagnetismus in einer gemeinsamen Beschreibung zusammenzufassen. Dies ist heute wohl das wichtigste Problem der Physik. Es war bereits die ambitiöse, von Einstein ausgesprochene Herausforderung, die bisher niemand angenommen hat. Die Aufgabe ist extrem schwierig. Denn während die ersten drei Wechselwirkungen zumindest dies gemeinsam hatten, daß sie in den Rahmen der Quantenphysik gehörten, hat die Gravitation bisher allen Versuchen der Quantisierung widerstanden. In der Praxis spielt dieser Widerspruch zwischen Gravitation und Quantenphysik kaum eine Rolle. Die Gravitation ist normalerweise in den großen räumlichen Bereichen der Astronomie wirksam, wo weder die Teilchenphysik noch spezielle Quanteneffekte vorkommen. Die theoretischen Probleme sind dagegen groß, und sie machen sich ganz konkret bemerkbar, wenn es um die fernste Vergangenheit des Universums geht. Damals waren Dichte und Energien so hoch, daß gleichzeitig relativistische und Quanteneffekte gewirkt haben müssen. Das macht es notwendig, diese Kräfte wenn nicht zu vereinheitlichen, so doch miteinander zu versöhnen.

Ein Weg schien vorgezeichnet zu sein. Da die ersten drei Wechselwirkungen in der Quantenphysik beschrieben werden, lag es anscheinend auf der Hand, auch die Gravitation zu quantisieren, ehe man versuchte, sie in das Gesamtschema einzubeziehen. Man konnte hoffen, daß die erwünschte Vereinheitlichung sich zusätzlich ergeben würde. Die entsprechenden Bemühungen stießen jedoch auf Hindernisse, von denen niemand weiß, wie sie zu überwinden sind. Um die Gravitation zu quantisieren, muß zweifellos auch die Geometrie des Raums und der Zeit quantisiert werden. Doch die gewohnte Quantisierung – die der Quantenfeldtheorie – wirkt in einem vordefinierten Raum und einer vordefinierten Zeit. Sie betrifft daher nicht den Raum und die Zeit, die die „passiven" Rahmen bleiben, innerhalb deren die Phänomene ablaufen. Die großen Schwierigkeiten, auf welche die Quantisierung des Raums und der Zeit stößt, sind nur zu überwinden, wenn man von vornherein eine kosmologische Vision hat. Das frühe Universum (und die Schwarzen Löcher, wenn es sie gibt) stellt deshalb das Anwendungsgebiet par excellence einer eventuellen Quantengravitation dar.

Abgesehen von den Ideen der Quantenkosmologie, auf die wir noch eingehen, ist die Supersymmetrie derzeit der verheißungsvollste Weg zur Einbeziehung der Gravitation in ein einheitliches Schema.

Die Supergravitation

Die Supersymmetrie ist eine als global bezeichnete Symmetrie. Dieser Begriff besitzt in der Sprache der Quantenfeldtheorie eine präzise Bedeutung. Nun zeigt sich, daß die Quantentheorie des Elektromagnetismus, die als ein großer Erfolg der Physik unseres Jahrhunderts gilt, als Ergebnis der Transformation einer globalen in eine lokale Symmetrie interpretiert wird. Das ist der Mechanismus dieser Eichtheorie. Kann man mit der Supersymmetrie dasselbe machen? Kann man eine Theorie aufstellen, in der diese letztere als eine Eichtheorie erscheinen würde? Das wäre vielversprechend, denn auch die Gravitation selbst kann (wegen der Lorentz-Transformation) als eine Theorie dieser Art betrachtet werden.

Einige Theoretiker versuchen, ein solches Programm mit der Konstruktion einer Theorie der Supergravitation einzuleiten, welche die Ideen der Supersymmetrie einbeziehen und weiterführen würde. Die Supergravitation würde, wie ihr Name schon sagt, die Gravitation einschließen und mit den übrigen Wechselwirkungen zusammenfassen. Es gibt Anhaltspunkte dafür, daß die unendlichen Größen, die in einem anderen Kontext dazu nötigen, auf Renormierungsverfahren zurückzugreifen, ganz verschwinden könnten.

Diese verlockende Idee ist leider theoretisch wie praktisch sehr komplex. Die Berechnungen im Rahmen der supersymmetrischen Theorien sind dermaßen knifflig, daß auch die geringste operationale Vorhersage praktisch unmöglich ist.

Die Quantenkosmologie

Die „gewöhnliche" Quantenphysik (unter Ausschluß der Gravitation) führt ganz zwanglos zur Kosmologie. Die quantentheoretische Nicht-Trennbarkeit verbietet es ja strenggenommen, zwei (oder mehr) Objekte, die schon in Wechselwirkung gestanden haben, getrennt zu beschreiben. Nun gilt natürlich für die meisten Objekte im Universum, daß sie in Wechselwirkung gestanden haben, sei es gravitativ, sei es durch den Austausch von Strahlung. Strenggenommen müßte die Quantenphysik daher das gesamte Universum als das einzige Quantensystem betrachten, auch wenn sie de facto auf getrennte Systeme oder Objekte angewandt wird. In der Praxis ist das jedoch nicht möglich, weil die Quantenphysik nicht erlaubt, den Raum als eine dynamische Variable zu betrachten, wie es für die Kosmologie als wesentlich erscheint.

Nimmt man die Folgerungen aus der quantentheoretischen Nicht-Trennbarkeit ernst, muß man daher eine Quantenkosmologie konstruieren.

Es gibt Physiker, die sich mit der Wellenfunktion des gesamten Universums befassen. Sie stoßen dabei auf eine Schwierigkeit, die daher rührt, daß diese Wellenfunktion des Universums alle Merkmale des Universums umfassen muß, Raum und Zeit eingeschlossen.[10] Das macht es unmöglich, eine Entwicklung *im* Raum und *in* der Zeit zu betrachten. Diese fundamentalen Schwierigkeiten bilden die hartnäckigsten Hindernisse für eine künftige Quantenkosmologie. Jeder andere Versuch, zu einer größeren Einheit des Formalismus der Physik zu gelangen, wird sich aber, bei Lichte besehen, auch mit diesen Fragen auseinandersetzen müssen.

Ende der siebziger Jahre haben die Physiker John Wheeler und Bryce de Witt eine Theorie vorgeschlagen, die zu einer wirklichen Quantenkosmologie führen könnte. Diese Theorie heißt „Quantengeometrodynamik". Sie möchte das Universum aus relativistischer wie auch aus quantentheoretischer Sicht beschreiben. Dazu erfaßt sie alle möglichen Modelle des Universums in einem beliebigen Moment ihrer Entwicklung mit ihren augenblicklichen Zuständen. Das Urknallmodell wird darin zum Beispiel nur mit seinem aktuellen Zustand erfaßt.[11] Das verringert die mit dem zeitlichen Aspekt zusammenhängenden Probleme und vereinfacht erheblich die Beschreibung des Problems.

Die Theorie ist selbstverständlich eine Quantentheorie. Das Universum befindet sich dementsprechend zu einem gegebenen Zeitpunkt nicht in einem aus klassischer Sicht wohldefinierten Zustand – ebenso wie ein Quantenteilchen auch keinen wohldefinierten Ort im Raum einnimmt. Der Quantenzustand des Universums wird durch eine Wellenfunktion beschrieben, die eine Quanten-Überlagerung klassischer Zustände darstellt, deren jeder dem entspricht, was wir, aus klassischer relativistischer Sicht, ein Universum nennen.[12] Die Entwicklung dieser Wellenfunktion wird bestimmt von einer Gleichung, der Wheeler-de Witt-Gleichung, die man als

Verallgemeinerung der Schrödingergleichung auf das gesamte Universum auffassen kann.

Wenn man dem Modell einige Hypothesen hinzufügt, wird es möglich, bestimmte Berechnungen durchzuführen. Sehr viel schwieriger ist dann aber deren Interpretation. Es gibt Konzeptionen, nach denen einer bestimmten Konfiguration des Universums (zum Beispiel mit endlichem Raum oder komplexer Topologie) eine größere Wahrscheinlichkeit zukommen könnte als einer anderen. Die Theoretiker sind aber noch weit davon entfernt, diesen „Wahrscheinlichkeiten", die sie durchaus zu berechnen vermögen, eine befriedigende Deutung zu geben.

Es bleiben noch zahlreiche Fragen offen. Wie ist diese Überlagerung von Zuständen zu interpretieren? Warum scheint unser Universum einem klar determinierten (klassischen) Modell zu entsprechen und nicht einer Quanten-Überlagerung von Modellen? Welche Bedeutung hat in diesem Zusammenhang der Begriff Wahrscheinlichkeit? Die meisten dieser Fragen gesellen sich zu jenen, die wir schon aus der gewohnten Quantenphysik kennen – sie sind lediglich deren kosmologische Umschreibung. Allerdings ist in der Quantenkosmologie der geometrische Zustand des Universums unbestimmt. Das Universum befindet sich demnach „zur gleichen Zeit" in Zuständen, die im klassischen Wortsinne verschieden sind. Die Mehrdeutigkeiten der Quantentheorie erhalten hier ihr ganzes Gewicht.

Obwohl die Konstruktion der Quantenkosmologie noch aussteht, haben einige schon versucht, sie anzuwenden. Die Physiker Hartle und Hawking haben darauf hingewiesen, daß die Gleichungen der Quantenkosmologie – wie die der gesamten Physik – nur gelöst werden können, indem „Randbedingungen" für das Universum spezifiziert werden,[13] was einen nicht sehr befriedigenden willkürlichen Aspekt in die Theorie hineinbringt. Deshalb haben Hartle und Hawking versucht, ein spezielles Modell ohne Randbedingungen zu konstruieren: Es existiert keine Grenze, weder für den Raum noch für die Zeit. Die Problematik der Singularität am Anfang verschwindet in diesem Modell, und das Universum hat weder Anfang noch Ende.[14]

Der Physiker Andrei Linde schlägt einen anderen Ansatz vor. Die Anfangsbedingungen, die er zugrunde legt, sind chaotisch, so daß seine Lösung sich als ein riesiges Universum darstellt, das sich ständig selbst verjüngt. Man vergleicht es gelegentlich mit einem Schaum von „Mini-Universen", und jede dieser Blasen soll eigene, von den anderen verschiedene Eigenschaften (Konstanten der Physik, Zahl der Raumdimensionen) besitzen. Der Teil des Universums, der uns umgibt, den wir als unser beobachtbares Universum betrachten, wäre danach nur ein winziger Bruchteil einer dieser Blasen. Welche Bedeutung müßte man dann der Einheit der Welt beimessen? Eine fragmentierte Einheit – ist das noch eine Einheit?

Anmerkungen

[1] Vgl. A. Koestler, *Die Nachtwandler,* S. 539.

[2] H. Poincaré, *Wissenschaft und Methode,* S. 16.

[3] Man wird hier an Leibniz erinnert, der, wie er sich ausdrückte, in den Hafen eingelaufen zu sein glaubte; sobald er sich aber angeschickt habe, nachzudenken, sei er gleichsam aufs offene Meer zurückgeworfen worden (*Neues System,* § 12).

[4] F. Nietzsche, *Die fröhliche Wissenschaft,* § 373, S. 290 f. (KSA 3, S. 624 f.)

[5] E. Schrödinger, *Geist und Materie,* S. 97.

[6] A. Schopenhauer, *Die Welt als Wille und Vorstellung;* vgl. auch etwa „Ueber den Willen in der Natur", S. 28.

[7] Wenn es um Kräfte geht, die zwischen den Teilchen herrschen, sprechen die Physiker lieber von „Wechselwirkungen", weil diese nicht nur auf die Bewegung der Teilchen einwirken, sondern auch deren Natur modifizieren und sie beispielsweise ineinander verwandeln können.

In der klassischen Physik wird eine Kraft zwischen zwei Teilchen im Raum durch ein Feld übertragen: Ein von einem der beiden Teilchen erzeugtes Feld breitet sich im Raum aus und wirkt dann auf das andere Teilchen. Diese Konzeption mußte revidiert werden, um den Prinzipien der Quantenphysik und der Relativität Rechnung zu tragen. Damit eine Wechselwirkung stattfinden kann, muß „etwas" ausgetauscht werden. Dieses „etwas" nennt man ein Quant, ein charakteristisches Teilchen des Feldes. Eine Wechselwirkung zwischen zwei Teilchen findet also nur über den Austausch eines dritten statt. Dieses Teilchen, das die Wechselwirkung transportiert, heißt das „Eichboson" der Wechselwirkung. Da es nicht direkt meßbar ist, sagt man, es sei virtuell (was aber nicht verhindert, daß es ein richtiges Teilchen ist). Je größer die Masse des Eichbosons, desto geringer die Reichweite der von ihm transportierten Wechselwirkung.

[8] Die Objekte, die das Universum bevölkern, kennen wir hauptsächlich aufgrund der elektromagnetischen Strahlung, die sie emittieren, die zu uns gelangt und die unsere Augen oder Teleskope auffangen. Dadurch, daß die letzteren so ausgebaut wurden, daß sie alle Wellenlängen des Spektrums empfangen können, wurden neue Objekte entdeckt, zum Beispiel Röntgensterne oder Infrarotgalaxien. Schätzt man anhand der jeweiligen Leuchtkraft die Masse dieser unzähligen Objekte, so gelangt man zur Masse und damit (aufgrund des Verhältnisses dieser Masse zu dem von ihr eingenommenen Volumen) zur Dichte des bekannten Universums, einer für die Aufstellung kosmologischer Modelle wesentlichen Größe. Nichts sagt uns jedoch, daß wir auf diese Weise alle Objekte erfassen, denn manche könnten in großer Zahl vorhanden sein, aber gar kein Licht oder eine zu schwache, nicht feststellbare Strahlung emittieren. Aus der Bewegung von Sternen oder Gas am Rand von rotierenden Spiralgalaxien kann man schließen, daß diese Bewegung den Keplerschen Gesetzen gehorcht und von der Masse der Galaxie abhängt, nur muß man dabei eine Masse zugrunde legen, die sehr viel größer ist als die vorerwähnte „leuchtende" Masse. Dieses erstaunliche Ergebnis war schon in den dreißiger Jahren von den Astronomen Jan Oort und Fred Zwicky vermutet worden und wurde mittlerweile mit unterschiedlichen Verfahren bestätigt. So maß man zum Beispiel die Ablenkung von Lichtstrahlen, die an einer Galaxie vorbeilaufen und in ihr Gravitationsfeld geraten, und schloß aus dieser Ablenkung, daß die Galaxie von einem riesigen Halo von Materie (Radius bis zu dreihunderttausend Lichtjahre) umgeben ist. Auch dunkle Materie genannt, soll diese mysteriöse Masse die Galaxien umgeben und das Universum um einen reichlichen Faktor *zehn* schwerer machen.

Über die Natur dieser Materie weiß man bislang nichts. Handelt es sich um verdichtete Objekte mit einer Masse zwischen typischen Sternen und Planeten, sogenannte Braune Zwerge, die nicht hell genug sind, um entdeckt zu werden, oder um Reste von nicht sehr massereichen Sternen, die Weißen Zwerge? Bisher hat man nicht genügend viele von ihnen gefunden, um diese ungeheure Masse zu erklären. Handelt es sich um „exotische" (z. B. supersymmetrische) Teilchen, Überreste des frühen Universums, deren Existenz die Physiker akzeptieren könnten, deren Entdeckung aber außerordentlich schwierig erscheint?

Schließlich besteht ein Widerspruch einerseits zwischen der Dichte (Verhältnis zwischen Gesamtmasse und Volumen) des Universums, zu der jene kosmologischen Modelle führen, die auf der Beobachtung der Flucht der Galaxien und der Expansion des Universums beruhen, und andererseits der Gesamtmasse des Universums (Summe der leuchtenden und verborgenen Massen), wie sie oben für das bekannte Universum hergeleitet wurde; die Gesamtmasse würde nur rund ein Fünftel zur wahrscheinlichsten kosmischen Dichte beitragen. Darüber, welcher Art die vier Fünftel sind, die erneut beim Appell fehlen, und wo sie zu finden wären, ist nichts bekannt.

[9] Schon in den dreißiger Jahren besaßen die Physiker eine Theorie des Elektromagnetismus, die sowohl die Quantenphysik als auch die Relativität berücksichtigte. Diese Theorie heißt „Quantenelektrodynamik". Aus ihr ergaben sich Probleme, und ein nicht geringes bestand darin, daß ihre ersten Anwendungen auf die Berechnung der beobachtbaren Eigenschaften der Atome und Teilchen unendlich große Werte ergaben, die jeglicher physikalischen Bedeutung entbehrten. Mit der Zeit konnten die Physiker dieses Problem zwar genauer erfassen, aber nicht lösen.

1947 konnte Willis Lamb eine wichtige Größe bezüglich des Wasserstoffatoms messen, die nach ihm als „Lamb-Verschiebung" benannt ist. Jedesmal, wenn man aufgrund der Quantenelektrodynamik den Wert dieser Größe rechnerisch zu bestimmen versuchte, erhielt man unendliche Resultate. Diese krasse Abweichung zwischen theoretischer Vorhersage und experimenteller Messung erforderte eine gründliche Analyse, und nach zweijährigen intensiven Arbeiten konnten die Theoretiker mit einem ausgeklügelten mathematischen Verfahren aufwarten, das es erlaubte, die in ihren Berechnungen auftretenden unendlichen Größen zu eliminieren und zu theoretischen Vorhersagen zu kommen, die mit den Versuchsergebnissen übereinstimmten. Dieses Verfahren nannte man „Renormierung".

Das generelle Ziel der Renormierung ist die Ausschaltung der unendlichen Größen, die innerhalb einer Theorie im mathematischen Ausdruck bestimmter physikalischer Größen auftreten können. Als renormierbar bezeichnet man Theorien, in denen durch die Benutzung eines solchen Verfahrens die Berechnungen zum Abschluß gebracht werden können, wobei nur eine endliche Zahl von experimentell bestimmbaren Parametern herangezogen wird.

Damit man sie mit der Erfahrung vergleichen kann, muß eine Theorie diesem Kriterium der Renormierbarkeit genügen.

Es wurde gezeigt, daß die physikalischen Theorien, die auf ein Prinzip der lokalen Eichinvarianz zurückgehen, systematisch renormierbar sind. Das gilt insbesondere im Fall der Quantenelektrodynamik für die elektromagnetische Wechselwirkung und auch für die Quantenchromodynamik, die entsprechende Theorie der starken Wechselwirkung.

[10] Raum und Zeit spielen in der Kosmologie die Rolle von dynamischen Variablen, so wie Ort und Geschwindigkeit für ein Teilchen.

[11] Aus dem Determinismus der allgemeinen Relativitätstheorie folgt, daß man nur diesen aktuellen Zustand zu kennen braucht, um das vollständige Modell mitsamt seinem zeitlichen Ablauf zu kennen.

[12] Die Wellenfunktion erlaubt, jedem möglichen Zustand eine Wahrscheinlichkeit zuzuordnen. Das ist zumindest eine mögliche Interpretation. Die räumliche Krümmung des Universums besitzt zum Beispiel keinen wohldefinierten Wert, doch die Wellenfunktion würde jede Information über die Verteilung ihrer Werte liefern.

[13] So, wie in der klassischen Mechanik eine Bahn durch den anfangs gegebenen Ort und die Geschwindigkeit spezifiziert wird.

[14] Dafür muß man allerdings auf den gewohnten physikalischen Zeitbegriff verzichten, zugunsten einer (im mathematischen Wortsinne) imaginären Zeit, die schwierig zu interpretieren ist.

Schluß

Unser Geist spürt, daß er für die Einheit geschaffen ist, und dem Erkenntnisakt haftet unbestreitbar eine monistische Tendenz an. Der Wunsch, die Welt zu verstehen, kann auf die Idee des Einen zweifellos nicht verzichten; freilich besteht die Gefahr, daß das methodologische Streben nach Einheit in der Erkenntnis in die ontologische Behauptung der Einheit in der Welt mündet. Selbstverständlich genügt es nicht, ein solches Streben zum Bestandteil der menschlichen Natur zu erklären, damit es sich in der Realität erfüllt. Es kann nämlich sehr wohl sein, daß sich die Einheit als ein Irrtum entpuppt, daß sie der puren Einbildung entspringt und eine Faszination ausübt, die vollkommen dogmatisch ist.

Lange vor der Physik hatten die Naturphilosophen schon verschiedene „Rezepte" und unterschiedliche Formulierungen ausprobiert, um eine globale, einheitliche Vision der Welt zu liefern. Die Vielzahl dieser Einheitsbemühungen zeigt aber zugleich die Grenzen ihrer Wirksamkeit auf und relativiert ihre Bedeutung. Unser Wissen von den Dingen bleibt fragmentarisch. Jede Erfahrung beruht auf einzelnen Handlungen und ist daher lückenhaft. Die Einheit ist uns nicht von vornherein gegeben. Sie ist ein sich wandelndes Konstrukt. Um sie herauszuholen, müssen wir, wie Angler auf zugefrorenen Flüssen, Löcher ins Eis schlagen.

Die Wissenschaft ist von ihrer Konstruktion her reduktionistisch. Es gilt aber zu unterscheiden zwischen einem methodologischen Reduktionismus, der wünschenswert ist, weil die Wissenschaft überhaupt nur in der Weise vorankommt, daß sie ihre Erklärungsprinzipien reduziert und die Einheit eines Modells anstrebt, und einem ontologischen Reduktionismus, Ergebnis der Grenzüberschreitung einer Wissenschaft, die behauptet, alles entspringe einer übergeordneten Entität, deren Wahrheit sie besitze.

Die Physik gründete sich auf Synthesen und Vereinheitlichungen, in deren Mittelpunkt ein mechanistisches Modell stand, das in sich Physik der Materie, Himmelsphysik, Astronomie, Kinematik, Dynamik und Geometrie versammelte. Unterschiedliche, manchmal widersprüchliche Strömungen vereinten sich und verschmolzen miteinander, um diesen neuen Strom zu speisen: die Newtonsche Synthese der Harmonie und des Atomismus; die Vereinheitlichung der Bewegungen, der Materie, des Raums, der Welt. Und vor allem kam der Begriff des Universums hinzu, der die Universalität der Gesetze garantiert.

War schon der Taufakt der neuen Disziplin von diesen Synthesen geprägt, so haben die gleichen Tendenzen zur Vereinheitlichung die Physik bis heute befruchtet. In ihrer Entwicklung vermischten sich Strömungen, die sich teils ergänzten, teils einander widersprachen: Harmonie, Atomismus, Teleologie, Geometrisierung, diverse Analogien – alles wurde ausprobiert und aufgegeben oder auch wieder rehabilitiert. Man kann die Entwicklung der Physik deuten als eine Folge von gelungenen Vereinheitlichungen zwischen diesen Tendenzen, von Annäherungen zwischen dennoch eigenständigen Disziplinen, wenngleich auch einige Mißerfolge diesen Weg markieren.

Nun kann aber von einer Einheit der Physik keine Rede sein, im Gegenteil – sie erscheint zerstückelt, in viele Zweige aufgespalten, und ein Erfolg der aktuellen Bemühungen um ihre Vereinheitlichung ist keineswegs sicher. Vielleicht waren wir noch nie so weit von einem global vereinheitlichten Weltbild entfernt wie heute. Steckt da nicht ein Widerspruch?

Der Widerspruch ist in der Tat unübersehbar. Die Physik beruht auf einer Dynamik der Vereinheitlichung. Die Einheit kommt jeweils dadurch zustande, daß Vermutungen und Ideen entdeckt werden, die es plötzlich erlauben, das, was bis dahin vielfältig war, als homogen zu denken. Diese Vorgehensweise kommt jedoch nie an ein Ende, sei es, weil sie nicht zu Ende geführt werden kann, sei es, daß bei einem zumindest partiellen Erfolg neue Resultate auftauchen, die die Vielfalt erhöhen und eine neue Koordination nötig machen. Der Bereich der Disziplin erweitert sich unablässig, und ständig ändert sich ihr Bild. Kaum sind zwei Zweige vereinheitlicht, entsteht schon ein dritter. Und hat man diesen endlich mit den beiden ersten zusammengeschlossen, wachsen wieder neue nach. Diese Entwicklung ist endlos, und keine Zauberformel vermag etwas dagegen. Wird man neue Rezepte für neue Vereinheitlichungen finden? Man kann getrost die Vorhersage wagen, daß es nur um den Preis neuer Verstöße gegen die Einheit geschehen wird. Was man erreicht, ist die Einheit in getrennten Bereichen, die wiederum Anstoß zu Vereinheitlichungsbemühungen geben wird.

Daß die Physik operational ist, liegt wohl daran, daß diese Vereinheitlichungen dazu einladen, mathematisch formuliert und bearbeitet zu werden – so kann die Physik wenn schon nicht die Welt, so doch die in ihr enthaltene Materie wirksam manipulieren. Freilich ist dieser dialektische Prozeß absolut notwendig. Kommt er zum Stillstand, stirbt die Wissenschaft. Vergäße das Erkenntnisstreben die Endlichkeit, von der es ausgeht, und bildete es sich ein, die Trennung, die ihm als Antrieb dient, überwunden zu haben, würde es seine Zweckbestimmung verraten.

Muß man angesichts dessen darauf verzichten, nach einer den Phänomenen zugrundeliegenden Einheit zu suchen? Das hieße, auf die Physik selbst zu verzichten. Die wissenschaftliche Vernunft erfordert und erhofft mit ihren systematischen Konstruktionen die Einheit. Sie möchte zu einem System kristallisieren. Doch paradoxerweise führt die Vereinheitlichung nicht zur Einheit. Sie läßt ein Gewebe entstehen, das nie fertig ist und nur zu partiellen Einheiten Zugang gewährt. Diese vergänglichen Etappen sind jedoch der Stoff der Wissenschaft und ihr wichtigster Antrieb. Sie liefern immer wieder Gründe zum Weitermachen, sei es durch ein besseres Verständnis, sei es durch eine neue Theorie oder eine neue Formulierung.

Die moderne Physik hat bemerkenswerte Erfolge erzielt. Damit ist sie auch den Gefahren ausgesetzt, die oft mit dem Erfolg einhergehen: Schnell bereit, ihre baldige Vollendung anzukündigen, überläßt sie sich gern den Einflüssen der Metaphysik – den Einflüssen jener stets wohltuenden Metaphysik, die sie zu kühnen Hypothesen einlädt, aber auch denen der eher verderblichen Metaphysik, die sie in der anmaßenden Gewißheit wiegen, das Ziel erreicht zu haben. Lebendig wird sie nur dann bleiben, wenn sie darauf verzichtet, das Wunschbild einer vollkommenen Versöhnung mit der Realität zu nähren, gestützt auf die Religion einer endlich wiedergefundenen Einheit.

Literatur

Alain, *Histoire de mes pensées*, Paris 1936.

D'Alembert, Jean Le Rond, *Essai sur les éléments de philosophie* (1759); *Œuvres philosophiques, historiques et littéraires de d'Alembert*, Bd. 2, Paris 1805 (Nachdruck: Hildesheim 1965).

Amaldi, Eduardo, „The unity of physics"; in: Brown, Sandorn C. (Hrsg.): *Physics 50 years later*, National Academy of Science, Washington 1973.

Aristoteles, *Physik. Vorlesung über Natur.* Griechisch-deutsch. Erster Halbband: Bücher I (A-IV (Δ). Übers., mit einer Einleitung und mit Anmerkungen hrsg. von H. G. Zekl. Philosophische Bibliothek Bd. 380, Hamburg 1987.

–, *Poetik.* Übersetzung, Einleitung und Anmerkungen von O. Gigon. Universal-Bibliothek Nr. 2337, Stuttgart 1978.

Bachelard, Gaston, *Les Intuitions atomistiques, essai de classification* (1935), Paris 1975.

–, *La philosophie du non*, Paris 1940.

Benda, Julien, *Exercices d'un enterré vif*, Paris 1946.

Bitbol, Michel, *Mécanique quantique*, Paris 1996.

Bohr, Niels, „Einheit des Wissens"; in: *Atomphysik und menschliche Erkenntnis. Aufsätze und Vorträge aus den Jahren 1930 – 1961.* Mit einem Vorwort zur Neuausgabe von K. v. Meyenn, Braunschweig/Wiesbaden 1985, S. 76 – 91.

Broglie, Louis de, *Matière et lumière*, Paris 1937.

Buffon, Georges-Louis Leclerc, Comte de, *Discours prononcé dans l'académie françoise le samedi 25 août 1753 (Discours sur le style)*, Paris 1753 (1975).

Carnap, Rudolf, *Die Aufgabe der Wissenschaftslogik*, Einheitswissenschaft, H. 3, Wien 1934.

Cassirer, Ernst, *Philosophie der symbolischen Formen* (Tl.1 *Die Sprache*, 1923; Tl. 2 *Das mythische Denken*, 1925; Tl. 3 *Phänomenologie der Erkenntnis*, 1929), 3 Bde., Darmstadt 1953/54.

Châtelet, Gilles, *Aspects philosophiques et physiques de la théorie des jauges*, éd. Université Paris-Nord, Paris 1984.

Chrétien, C., *La science à l'œuvre*, Paris 1991.

Comte, Auguste, *Cours de philosophie positive*, Paris 1830 – 1842; dt. Ausgabe: *Soziologie*. Aus dem französischen Original ins Deutsche übertragen von V. Dorn und eingeleitet von H. Waentig. Bd. I: Der dogmatische Teil der Sozialphilosophie, Jena 1907. Bd. II: Historischer Teil der Sozialphilosophie. Theologische und metaphysische Periode, Jena 1907. Bd. III: Abschluß der Sozialphilosophie und allgemeine Forderungen, Jena 1911.

Cournot, Antoine, *Essai sur les fondements de nos connaissances et sur les caractères de la critique philosophique* (1851), Paris 1975.

–, *Considérations sur la marche des idées et des événements dans les temps modernes* (1872), Paris 1975.

Dagognet, François, *Science et philosophie, pour quoi faire?* Textes réunis par Roger-Pol Droit, 2. Aufl., Paris 1990.

Deleuze, Gilles, *Nietzsche et la philosophie*, Paris 1962.

Descartes, René, *Discours de la méthode pour bien conduire sa raison et chercher la vérité dans les sciences* (1637); dt.: *Abhandlung über die Methode des richtigen Vernunftgebrauchs und der wissenschaftlichen Wahrheitsforschung*. Ins Deutsche übertragen von Kuno Fischer. Erneuert und mit einem Nachwort versehen von Hermann Glockner. Universal-Bibliothek Nr. 3767, Stuttgart 1998.

–, *Principia philosophiae* (1644); dt.: *Die Prinzipien der Philosophie*. Übers. und erläutert von Artur Buchenau. Philosophische Bibliothek Bd. 28, 8., durchges. Aufl., Hamburg 1992.

–, *Regulae ad directionem ingenii* (1701, verfaßt um 1628); dt.: *Regeln zur Ausrichtung der Erkenntniskraft*. Übers. u. hrsg. von Lüder Gäbe. Philosophische Bibliothek Bd. 262 b, Hamburg 1979.

–, *Traité de l'Homme*; dt.: *„Über den Menschen"* (1632) sowie *„Beschreibung des menschlichen Körpers"* (1648). Nach der französischen Ausgabe von 1664 übersetzt und mit einer historischen Einleitung und Anmerkungen versehen von Karl E. Rothschuh, Heidelberg 1969.

Desmarets, Jacques u. Lambert, Dominique, *Le principe anthropique*, Paris 1994.

d'Espagnat, Bernard, *Le Réel voilé*, Paris 1995.

Diels, Hermann (Hrsg.), *Die Fragmente der Vorsokratiker*. Griechisch und deutsch, 1. Bd., 3. Aufl., Berlin 1912.

Dirac, Paul Adrien Maurice, *The principles of quantum mechanics* (1930); dt.: *Die Prinzipien der Quantenmechanik*. Übers. von W. Bloch, Leipzig 1930.

–, „The proton"; in: Nature 126, 1930.

–, „Quantum mechanics of many-electron systems"; in: *Proceedings of the Royal Society* A 123, London 1929, S. 713 – 733.

Duhem, Pierre, *La Théorie physique. Son objet, sa structure* (1906), Paris 1981.

Eddington, Arthur Stanley, Sir, *Fundamental Theory*, Cambridge 1949.

Einstein, Albert, *Briefe an Maurice Solovine*, Paris 1956.

–, *Mein Weltbild*. Hrsg. von C. Seelig, Frankfurt a. M./Berlin 1955.

–, Podolsky, Boris u. Rosen, Nathan, „Can quantum mechanical description of physical reality be considered complete?" in: Phys. Rev. 47, 1935, S. 777-780.

Feyerabend, Paul, *Against Method. Outline of an anarchistic theory of knowledge* (1975); dt.: *Wider den Methodenzwang. Skizze einer anarchistischen Erkenntnistheorie*. Übers. von H. Vetter, Frankfurt a. M. 1976.

–, *Farewell to reason;* dt.: *Irrwege der Vernunft*. Aus dem Amerikanischen von J. Blasius, Frankfurt a. M. 1989.

Fourier, Joseph, *Theorie analytique de la chaleur* (1822), Paris 1988.

Fraenkel, Adolf, „Das Leben Georg Cantors"; in: Georg Cantor, *Gesammelte Abhandlungen mathematischen und philosophischen Inhalts*. Mit erläuternden Anmerkungen sowie mit Ergänzungen aus dem Briefwechsel Cantor – Dedekind. Hrsg. von E. Zermela, Berlin 1932, S. 452-483.

Galilei, Galileo, *Dialogo sopra i due massimi sistemi del mondo* (1632); dt.: *Dialog über die beiden hauptsächlichen Weltsysteme, das Ptolemäische und das Kopernikanische*. Übers. von E. Strauss, Leipzig 1891 (Nachdruck: Stuttgart 1982).

–, *Sidereus nuncius* (1610); dt.: *Sidereus nuncius. Nachrichten von neuen Sternen*. Hrsg. und eingeleitet von H. Blumenberg,

Frankfurt a. M. 1980.

Girard, René, *Des choses cachées depuis la fondation du monde,* Paris 1978.

Hawking, Stephen, *A brief history of time* (1988); dt.: *Eine kurze Geschichte der Zeit.* Übers. von Heiner Kober, Reinbek b. Hamburg 1988.

Hermann, Armin, *Max Planck in Selbstzeugnissen und Bilddokumenten.* rowohlts monographien, Reinbek b. Hamburg 1973.

Heisenberg, Werner, *Physik und Philosophie.* Weltperspektiven Bd. II, Berlin 1959.

Hesiod, *Theogonie;* in: Sämtliche Werke. Deutsch von Thassilo von Scheffer. Sammlung Dieterich Bd. 38, Wiesbaden o.J.

Holton, *Gerald, Thematische Analyse der Wissenschaft. Die Physik Einsteins und seiner Zeit,* Frankfurt a. M. 1981.

Hugo, Victor, *Les Misérables* (1862); dt.: *Die Elenden.* Vollständige Ausgabe, 3 Bde. Zweiter Band: Dritter Teil *Marius.* Vierter Teil *Idyll und Epopoë.* Aus dem Französischen von P. Wiegler und W. Günther, 3. Aufl., Berlin 1987.

Huyg(h)ens, Christiaan, *Abhandlung über das Licht* (1678). Hrsg. von E. Lommel, Leipzig 1890.

Kant, Immanuel, *Kritik der reinen Vernunft.* Nach der ersten und zweiten Original-Ausgabe neu hrsg. von Raymund Schmidt. Philosophische Bibliothek Bd. 69, Hamburg 1971.

Kepler, Johannes, *Astronomia nova, seu physica coelestis tradita in commentariis de motibus stellae Martis ex observationibus g.v. Tychonis Brahe* (1609); dt.: *Neue Astronomie.* Übers. und eingeleitet von M. Caspar, München/Berlin 1929.

–, *Harmonices mundi libri V* (1619); dt.: *Weltharmonik.* Übers. und eingeleitet von M. Caspar, München/Berlin 1939 (Nachdruck München 1982).

Klein, Étienne, *La physique quantique,* Paris 1996.

Koestler, Arthur, *The Sleepwalkers;* dt.: *Die Nachtwandler. Die Entstehungsgeschichte unserer Welterkenntnis.* Aus dem Englischen von W. M. Treichlinger. suhrkamp taschenbuch 579, Frankfurt 1980.

Koyré, Alexandre, *Études d'histoire de la pensée scientifique,* Paris 1973.

–, *Etudes newtoniennes,* Paris 1968.

Kuhn, Thomas S., *The Structure of Scientific Revolutions* (1962); dt.: *Die Struktur wissenschaftlicher Revolutionen.* Übers. von K. Simon, Frankfurt 1967.

Lachièze-Rey, Marc u. Gunzig, E., *Le rayonnement cosmologique,* Paris 1995.

Lacroix, J., *Kant et le Kantisme,* Paris 1996.

Ladrière, Jean, *Le défi de la science et de la technologie aux cultures,* Paris 1977.

Lecourt, Dominique, *A quoi sert donc la philosophie? Des sciences de la nature aux sciences politiques,* Paris 1993.

Leggett, A. J., Diskussionsbeitrag zum Referat von S. Watanabe, „Is Reductionism Tenable Within Physics?"; in: S. Kamefuchi (Hrsg.), *Proceedings of the International Symposium „Foundations of Quantum Mechanics in the Light of the New Technology",* Physical Society of Japan, Tokio 1983.

Leibniz, Gottfried Wilhelm, *Discours de métaphysique* (entstanden 1685/86, vollständig erschienen 1907)/*Metaphysische Abhandlung.* (Frz.-dt.) Übers. und mit Vorwort und Anmerkungen hrsg. von H. Herring. Philosophische Bibliothek Bd. 260, Hamburg 1975.

–, *Nouveaux essais sur l'entendement humain* (1765); dt.: *Neue Abhandlungen über den menschlichen Verstand.* Übersetzt, eingeleitet und erläutert von E. Cassirer. Philosophische Bibliothek Bd. 37a, Hamburg 1971.

Lévy-Leblond, Jean-Marc, *L'esprit de sel (science, culture politique),* Paris 1981.

Lukrez, *De rerum natura;* dt.: *Über die Natur der Dinge.* Aus dem Lateinischen übers. von H. Diels, Berlin 1957.

Mach, Ernst, „Antimetaphysische Bemerkungen", in: *Die Wiener Moderne. Literatur, Kunst und Musik zwischen 1890 und 1910.* Hrsg. von G. Wunberg unter Mitarbeit von J. J. Braakenburg, Universal-Bibliothek Nr. 7742[9], Stuttgart 1981, S. 137–145.

–, *Die Mechanik in ihrer Entwicklung. Historisch-kritisch dargestellt* (1883), 5. Aufl., Leipzig 1904.

Maritain, Jacques, *Le Songe de Descartes,* Paris 1932.

Maupertuis, Pierre Louis Moreau de, *Système de la nature*, Paris 1984.

Neurath, Otto, *Wissenschaftliche Weltauffassung, Sozialismus und Logischer Empirismus*. Hrsg. von R. Hegselmann. stw 281, Frankfurt 1979.

Nietzsche, Friedrich, *Die fröhliche Wissenschaft*. Mit einem Nachwort von A. Baeumler. Kröners Taschenausgabe Bd. 74, 6. Aufl., Stuttgart 1976.

–, *Die Geburt der Tragödie aus dem Geiste der Musik*. Mit einem Nachwort von Hermann Glockner. Universal-Bibliothek Nr. 7131 [2], Stuttgart 1979.

–, „Die Philosophie im tragischen Zeitalter der Griechen", in: *Die Geburt der Tragödie. Der griechische Staat*. Mit einem Nachwort von Alfred Baeumler. Kröners Taschenausgabe Bd. 70, Stuttgart 1964, S. 257 – 338.

Nikolaus von Kues, *De docta ignorantia* (entstanden 1440); dt.: *Die belehrte Unwissenheit*. Übers. und mit Vorwort und Anmerkungen hrsg. von P. Wilpert und H. G. Senger, 3 Bde. (Philosophische Bibliothek Bd. 264 a-c, Hamburg 1994 (Buch I) und 1977 (Buch II, III).

Oppenheim, P. und Putnam, Hilary, „L'unité de la science: une hypothèse de travail"; in: Pierre Jacob, *De Vienne à Cambridge*, Paris 1980.

Pais, Abraham, *Raffiniert ist der Herrgott... Albert Einstein. Eine wissenschaftliche Biographie*, Braunschweig 1986.

Pascal, Blaise, *Pensées sur la Religion et sur quelques autres sujets;* dt.: *Gedanken über die Religion und einige andere Themen*. Hrsg. von J.-R. Armogathe. Aus dem Französischen übers. von U. Kunzmann, (Universal-Bibliothek Nr. 1622) Stuttgart 1997.

Paty, Michel, *L'Analyse critique des sciences: le tétraède épistémologique (science, philosophie, épistémologie, histoires de sciences)*, Paris 1990.

–, *Einstein philosophe*, Paris 1993.

–, *La Matière dérobée*, Paris 1988.

Planck, Max, *Physikalische Abhandlungen und Vorträge*, Braunschweig 1958.

Platon, *Phaidon;* in: Sämtliche Werke 3. Phaidon, Politeia. Nach der Übersetzung von Friedrich Schleiermacher hrsg. von Walter F. Otto, Ernesto Grassi u. Gert Plamböck. Rowohlts Klassiker der Literatur und der Wissenschaft, Griechische Philosophie Bd. 4, Hamburg 1958.

–, *Sophistes;* in: Sämtliche Werke 4. Phaidros, Parmenides, Theaitetos, Sophistes. Nach der Übersetzung von Friedrich Schleiermacher hrsg. von Walter F. Otto, Ernesto Grassi u. Gert Plamböck. Rowohlts Klassiker der Literatur und der Wissenschaft, Griechische Philosophie Bd. 5, Hamburg 1958.

–, *Timaios;* in: Sämtliche Werke 5. Politikos, Philebos, Timaios, Kritias. Nach der Übersetzung von Friedrich Schleiermacher u. Hieronymus Müller hrsg. von Walter F. Otto, Ernesto Grassi u. Gert Plamböck. Rowohlts Klassiker der Literatur und der Wissenschaft, Griechische Philosophie Bd. 6, Hamburg 1959.

Poincaré, Henri, „Les Conceptions nouvelles de la matière"; in: *Le Matérialisme actuel, ouvrage collectif* (1913), Paris 1920.

–, *Electricité et Optique* (1901), Paris 1990.

–, „Les Rapports de la matière et de l'atome"; in: *Dernières pensées,* Paris 1913 (Neuaufl. 1963).

–, *La science et l'hypothèse* (1902); dt.: *Wissenschaft und Hypothese.* Dt. Ausgabe mit erläuternden Anmerkungen von F. und L. Lindemann, Stuttgart 1974.

–, *Science et méthode* (1908); dt.: *Wissenschaft und Methode.* Autorisierte deutsche Ausgabe mit erläuternden Anmerkungen von F. und L. Lindemann, Stuttgart 1973.

Pullman, Bernard, *L'atome,* Paris 1995.

Ribémont, Bernard, „Le moyen âge et la symbolique des nombres"; in: *La Recherche,* no 278, juillet/août 1995, S. 736 – 741.

Roger, Jacques, „Science et littérature à l'âge baroque"; in: *Pour une histoire des sciences,* Paris 1995.

Rosset, Clément, *Le choix des mots,* Paris 1995.

Saint Sernin, Bertrand, *La Raison au XXe siècle,* Paris 1995.

Salam, Abdus, *La Grande Unification,* Paris 1991.

Schopenhauer, Arthur, „Ueber den Willen in der Natur"; in:

Schriften zur Naturphilosophie und zur Ethik. Sämtliche Werke, 4. Bd., Mannheim 1988, S. 1 – 147.

–, *Die Welt als Wille und Vorstellung.* Erster Band. Hrsg. von A. Hübscher. Sämtliche Werke, 2. Bd., 3. Aufl., Wiesbaden 1972.

Schrödinger, Erwin, *Geist und Materie,* Wien/Hamburg 1986.

–, *Was ist Leben? Die lebende Zelle mit den Augen des Physikers betrachtet,* 2. Aufl., München 1951.

Stengers, Isabelle, *Cosmopolitiques,* Tome 4: *Mécanique quantique: la fin du rêve,* Paris 1997.

Testart, Jacques, *Des grenouilles et des hommes. Conversations avec Jean Rostand,* Paris 1995.

Thomas von Aquin, *Quaestiones disputatae de veritate. Des heiligen Thomas von Aquino Untersuchungen über die Wahrheit.* In deutscher Übertragung von Dr. Edith Stein, Bd. I. Quaestio 1 – 13, Louvain/Freiburg 1952.

Thuillier, Pierre, *La grande implosion,* Paris 1995.

Verlet, Loup, *La Malle de Newton,* Paris 1993.

Westphal, Richard, *Newton,* Paris 1995.

Wheeler, John Archibald, *Einsteins Vision. Wie steht es heute mit Einsteins Vision, alles als Geometrie aufzufassen?* Berlin/Heidelberg/New York 1968.

Personenregister

Sachregister

Etienne Klein:
Gespräche mit der Sphinx
Die Paradoxien in der Physik
Aus dem Französischen von Hans Günter Holl
2. Auflage 1994. 183 Seiten, Leinen, ISBN 3-608-93188-0

Von den sieben Paradoxa, die Klein in seinem Buch darstellt,
stammen fünf aus einer Hochzeit der modernen Physik. Zwar sind
diese Paradoxien inzwischen formal gesehen überwunden; sie
bleiben aber irritierend, nicht zuletzt weil sie zeigen, daß
zwischen mathematischen Formalismen und unserem
begrifflichen Denken eine unüberbrückbare Kluft verläuft. Zwei
ältere Paradoxa verknüpfen jedoch das lebendige Staunen so tief
mit der wissenschaftlichen Neugier, daß sie bis heute nicht gelöst
sind – das Problem des »dunklen Nachthimmels« und die Frage
der »Zeitrichtung«.

»Wer *Gespräche mit der Sphinx* wagt, setzt die Sicherheit
wissenschaftlicher Dogmen aufs Spiel. Es geht um Paradoxien in
der Physik: Der französische Physiker Etienne Klein sieht im
Paradoxen die Keimzelle des wissenschaftlichen Fortschritts, den
›Träger der kreativen Macht des Zweifels‹«.
Bild der Wissenschaft

Klett-Cotta

Anthony Aveni:
Dialog mit den Sternen
Aus dem Englischen von Hans Günter Holl
1995. 341 Seiten, zahlr. Abb., Leinen,
ISBN 3-608-91277-0

Anthony Aveni berichtet von den erstaunlichen Leistungen alter
Hochkulturen bei der Himmelsbeobachtung. Im alten China, in
Polynesien, Ägypten, Mesopotamien, Griechenland und bei den
Maya in präkolumbischer Zeit verfolgten und berechneten
Astronomen im Auftrag der Priester und Könige den Lauf der
Gestirne. Vor allem die Venus zog die Astronomen an, und
erstaunlich ist, daß die Babylonier und die Maya, die nichts
voneinander wußten, den rätselhaften Umlauf mit fast gleichen
Ergebnissen berechneten.

Douglas R. Hofstadter:
Gödel, Escher, Bach
Ein Endloses Geflochtenes Band
Aus dem Amerikanischen von Philipp Wolff-Windegg und
Hermann Feuersee unter Mitwirkung von Werner Alexi, Ronald Jonkers
und Günter Jung
14. Auflage 1995. 844 Seiten, gebunden, ISBN 3-608-93037-X

Ein brillanter Computer-Wissenschaftler benutzt amüsante,
paradox-surreale Dialoge, die Bilder Eschers, die Musik Bachs und
ebenso eine Fülle von Ideen aus so unterschiedlichen Gebieten
wie Logik, Biologie, Psychologie, Physik, Zen-Buddhismus,
Mathematik oder auch Neurologie, um eines der größten
Geheimnisse der modernen Wissenschaft zu illuminieren: unsere
offensichtliche Unfähigkeit, die Natur des Denkens zu verstehen.

»...natürlich die Bibel der Computerkultur!«
Thomas von Randow, Die Zeit

Klett-Cotta